見るだけでわかる微分・積分

冨島佑允
Tomishima Yusuke

PHP新書

はじめに——微分積分は「未来予測の数学」

　あなたは、微分積分とは何かと聞かれたら、どう答えるでしょうか?

　そんなこと、考えたこともないかもしれませんね。

　私はこう答えます。

　微分積分とは、**「未来予測の数学」**である、と。

　微分積分が世界中の学校で教えられ、ビジネスでも学問の世界でも非常に大切にされているのは、それが未来を見通すための数学だからです。

　他の動物と比べた人間の大きな特徴の1つは「未来を予測する能力」にあると言われています。

　動物は、10年後や100年後の未来を予測する能力を持ちませんし、"未来"という概念すら理解していないかもしれません。

　しかし人間は、常に予測を立てて行動することができ、その能力が人類の繁栄をもたらしたとも言えます。この人類最大の能力を支える数学が微分積分なのです。

　「そんな話、聞いたこともないぞ」と言う方もいるか

もしれません。実際、学生時代にそんなことを教わらなかったという方が大半だと思います。
　私もその１人で、高校時代に微分積分の計算法や公式は学びましたが、

「微分積分とはそもそも何か？」
「何の役に立つのか？」
「どういう問題意識から生まれたのか？」

　といった根本的な疑問については授業で説明してもらった記憶がありません。

　現代の日本の教育カリキュラムでは、こういった本質的な話を飛ばして、計算技術としての微分積分だけを学ぶのが普通になっています。
　結果として、多くの学生が「微分積分を学んで何の役に立つのだろう……」という疑問を抱いたまま計算練習をさせられることになり、微分積分に苦手意識を持つことになってしまっています。

　本書は、そういった本質的な問いに答えるためのものです。
　微分積分が人類のどういうニーズから生まれ、なぜ重要なのか、どう役に立っているのか、どういう考え方をするのかという点に触れていきたいと思います。

微分積分の役割①
「未来を予測する」

　社会における微分積分の役割は大きく分けて２つあります。その１つ目は、**物事が今後どうなるのかを計算によって導き出すことです。**

　例えば、誰かと待ち合わせをした際に、私たちは必ず予測を立てた上で出発時刻を決めています。「初めて行く場所だから、迷った場合を考えて30分くらい余裕をもって出発しよう」とか、そういうことです。

　こういう"やんわりした予測"のときには、特に微分積分は必要ありません。予測が多少ズレていても、大して問題にはならないからです。

　目的地に10分前に着いてしまったとしても、コンビニにでも入って時間をつぶせばいいだけでしょう。万が一、道に迷って10分遅刻しても、たいていは謝れば許されます。

　しかし、世の中には"かっちりとした予測"が必要な場面が多々あります。

　例えば、人の命がかかっている場合や、精密機械による作業を計算する場合、少しでも予測を間違えると、取り返しのつかない事態に陥りかねません。

このように、非常に厳密な予測が必要とされる場合に微分積分が力を発揮します。

　例えば、ロケットは微分積分にもとづいて設計されています。20世紀における人類最大の業績ともいわれる「アポロ計画」は、"1960年代のうちに人類を月に送る"という目標のもとに立ち上げられました。
　この計画を実現するには、あらゆる物事を厳密に準備する必要がありました。例えば、ロケットにどれくらいの燃料を積めば月まで行けるか、といったことです。

　このような試みにおいては、過去の経験則は役に立ちません。というのも、過去に誰も人類を月に送ったことなんかないわけですから、経験にもとづいて「これくらいの燃料ならいけるだろう」なんて決め方はできないわけです。
　また、人間が乗っている上に、数百億ドルの予算がかかっていますから、何度か飛ばしてどれかがたどり着けばいいや、というわけにもいきません。
　前例がない上に失敗が許されないのです。

　したがって、世界で最も厳密な学問である数学にもとづいて緻密な計算を行う必要があります。
　微分積分を使うことで、必要な燃料の量、ロケット

の軌道、何日と何時間と何分と何秒後に月にたどり着くのかということがすべてあらかじめ計算された上で計画が実行されたのです。

　最近の話でいえば、コロナの感染シミュレーションも微分積分の計算にもとづいています。

　1人の患者が何人に感染を広げるか、という感染力の強さは「再生産数」という数字で表されます（感染者が新たな感染者を再生産するというイメージ）。

　この再生産数の値に応じて、感染者は何時間後に何人に増えるのか、そして何日後に病床がどれだけ足りなくなるかといったことを、すべて微分積分にもとづく計算ではじきだすことが可能です。

　2020年にコロナ感染が拡大し始めたときは、そういった専門家の予測にもとづいて国家レベルの対策が各国で取られていました。

　このように、世の中では、何かを成功させるために正確な予測をしたいと思う場面が多々あります。そうしたときに、微分積分は力を発揮するのです。

　また、微分積分は**「もっと長期的な未来の予測」**にも役立ちます。

　18〜19世紀の経済学者マルサスは、足元の人口の変化にもとづいて、いずれ人口爆発による食糧危機がおとずれるという警告を発しました。

マルサスの時代には微分積分はまだ十分には確立されていませんでしたが、このマルサスの考え方は、現代数学では微分積分を使って表されます。

　足元の人口の推移から将来像を描くというマルサスの分析方法は、人口減少社会にも当てはめることができます。つまり、出生率の低下によって人口減少や高齢化が進み、それによって経済が停滞するという未来です。まさに、現代の日本が直面している状況です。

　微分積分の計算によって、足元の出生率から、50年後や100年後の日本の人口や年齢構成がどうなっていくのかということも計算することができます。

　人口動態は、その国の経済を占う上で最も重要な要素だとされています。微分積分の計算によって未来の人口動態が予測でき、それに伴う日本の未来も見えてくるのです。

　詳しくは本文に譲りますが、本当に色々な場面で微分積分は人類を助けてきたし、今も社会を根幹から支えています。

微分積分の役割②
「未来のために今すべきこと」を見出す

　微分積分のもう１つの役割は、**来たる未来のために今やるべきことをはっきりさせることです。**

　先ほどの人口動態の例でいえば、現状の出生率では日本は高齢化が進んで人口減少に苦しむということが微分積分の計算から分かるという話をしました。

　上記はあくまで机上の計算ですから、実際の出生率の代わりに、仮の出生率を使って計算してみるということも可能です。例えば、出生率が今の1.5倍になったら将来の人口はどれだけ変わるか、という仮の計算ができるのです。

　その結果にもとづいて、出生率をこれだけ増やせば人口が回復するのでそこを目指そう……というような形で具体的な政策提案に結び付けることができます。

　同様のことはコロナの感染シミュレーションにも言えます。感染を収束させるには再生産数（感染力の強さを表す数値）をどこまで減らせばよいか、といった具体的で示唆に富むシミュレーションが可能になります。

このように、微分積分の持つ未来予測の能力を応用することで、**目指す未来像（ゴール）にたどり着くために今すべきことを明確化する**という用途にも使えるわけです。

　今こういう対策をすれば将来はこれだけよくなるということが数字で分かれば、関わっている人たちのやる気も違ってくるでしょう。

　そうやって、将来の姿を具体的な数値で見せてくれるのも微分積分の強みです。

　ここまで社会における微分積分の２つの役割についてお話ししてきました。微分積分が社会に与えてきた恩恵は計り知れず、いかに重要かはその英単語にも表れています。

　微分積分は英語で「calculus」（カルキュラス）といいますが、これはもともとラテン語で「小石」を意味する単語です。

　昔の人類は数を数えるときに小石を並べて記録していたので、それが計算を意味する言葉に変わっていったのです。計算機のことを英語で「calculator」（カルキュレーター）といいますが、その語源にもなっています。計算といえば微分積分というくらいに、微分積分は重視されているのです。

　申し遅れましたが、筆者は金融機関で「クオンツ」

という職業に就いています。クオンツとは、数学を駆使して金融市場を分析・予測する専門職で、要は数式を使ってお金を稼ぐ役回りです。

　また、資産運用のためのＡＩを開発しているデータサイエンティストでもあり、さらには、大学教授として経済学を教えてもいます。

　クオンツ、データサイエンティスト、大学教授と役回りはさまざまですが、どれも「数式を使い倒す仕事」という点では共通しています。特に微分積分は、数学の分野の中でも飛びぬけて世の中の役に立っていて、私の仕事でも欠かせないものです。

　数学は、よく「こんな勉強をして何の役に立つのだ」という批判のターゲットにされがちですが、それは大きな誤解です。少なくとも私自身は、微分積分をはじめとした数学をビジネスに役立てることでキャリアを築いてきました。

　僭越ながら、微分積分の本質や、それを理解することの具体的なメリットについて、私以上に語れる人はそういないと、自負しています。

　本書では、「未来予測の数学」である微分積分がどうやって生まれ、どういう発想で将来を見通しているのかを「これ以上わかりやすくできない！」というくらい、１つひとつ丁寧に説明していきます。

特に、第2章までの説明では、数式も記号も使わず、図とイラストを見るだけで、微分積分の本質が分かるように解説しました。

　専門用語は話の流れに必要な場合は出てきますが、出てくる場合は語源までさかのぼって丁寧な説明をつけています。

　また、座って読むだけでは眠くなってしまうでしょうから、手を動かしながら微分積分への理解を深めるエクササイズも用意しています。

　本書を読むことで、微分積分とはいったい何なのかがはっきりとイメージできるようになるでしょう。

　公式の暗記も計算も不要な、微分積分の学び舎へようこそ！

見るだけでわかる微分・積分

微分積分って
何だろう？

歴史から学ぶ 微分積分

微分積分の数式や 記号を学び直す

微分積分が生んだ
現代社会を支える
発明・技術

微分積分って
何だろう？

微分積分は
未来を予測するための数学

　第1章では、「微分積分っていったい何？」という
話をしたいと思います。

　本章を読めば、微分積分がどんなものなのか、その
全体像をつかむことができるはずです。

　微分積分は高校数学の1つの山場で、「とにかく難
しい」という印象をお持ちの方も多いのではないでし
ょうか。

　実際、微分積分は昔から多くの学生を苦しめてきま
した。私が高校生のときも、初めての微分積分の授業
で「まったく意味が分かりません！」と叫んだ同級生
の男子生徒がいました。

　このように多くの人を悩ませてきた微分積分です
が、日本のみならず、世界中の高校や大学で必ず教え
られる科目になっています。つまり、それだけ世の中
に役立つ重要な分野なのです。

　その理由は、「はじめに」でも言ったように、微分
積分は未来を予測するために生み出された**「未来予測
の数学」**だからです。

　現代文明は微分積分の"予測"なしには成り立ちま

せん。

　天気予報、人工衛星やロケットの進路の予測、コロナウイルスなど感染症の広がり方の予測、自然災害の被害予測、金融市場における株価の動きの予測など……。

　それらの"予測"はすべて、微分積分を使って行われています。

　簡単な予測の計算であれば、実は小中学校のときに多くの方が経験しています。例えば、「たけし君が時速5kmで歩いて10km先の目的地に向かうとすると何時間後に到着するか」といった計算がそれです。

　この問題の答えは「2時間後」ですが、こうした計算問題は、数学で未来予測を行う第一歩といえます。というのも、歩き始めた時点で、何時間後に目的地に着くかという未来のことが計算で分かってしまうからです。

　微分積分は、こういった予測のための計算を洗練させて実用性を高めたものだと考えてください。

　先ほどの例では、たけし君はずっと時速5kmで歩き続けることになっていますが、実際にはずっと同じ速さで歩き続けることは難しいでしょう。少し疲れたので遅く歩いたり、下り坂で走ってみたりといった変化が必ずあるはずです。

こういった現実的な状況を考えるときに、微分積分が必要になります。

まとめ

Q 微分積分って何ですか？
A 微分積分は**未来を予測するための数学**である。

「変化を積み重ねる」ことで未来を予測する

　では、具体的に微分積分でどうやって未来を予測しているのか、その仕組みをこれから説明していきます。

　今さらの説明ですが、微分積分は「微分」と「積分」という 2 つの言葉をつなげたものです。
　微分と積分は、それぞれ別の計算テクニックですが、未来を予測するために一緒に使われることが多いため "微分積分" とセットで呼ばれます。

　その基本的な考え方は、**「変化を積み重ねる」ことで未来を予測する、**というものです。
「千里の道も一歩から」という言葉がありますが、未来の姿は、現在からスタートして少しずつ変化が積み重なった結果です。ということは、未来の姿を知るためには、現在からの「変化の積み重ね」がどうなるかを知ればよい、ということになります。

　「変化の積み重ね」がどうなるかを知るためには、2 つのステップが必要です。
　第 1 ステップは、1 つひとつの小さな変化を考える

こと。物事がどう変わっていくか、その1つひとつを知ることができれば、その先にどう変化していくのかも見えてきます。

　第2ステップは、その変化が積み重なっていくと最終的にどうなるのかを把握することです。

　つまり、まずは1つひとつの小さな変化を知り、次にその変化が積み重なった結果を見ることで、未来の姿が分かるのです。

　このとき、第1ステップ（小さな変化を考える）に使われるのが微分、第2ステップ（その変化を積み重ねた結果を考える）に使われるのが積分になります。

　まとめると、図表1-1のようなイメージになります。このイメージを頭に入れてからこの後の文章を読んでいくと、微分積分の何たるかが明確に理解できるようになるでしょう。

図表1-1　微分積分による未来予測の枠組み

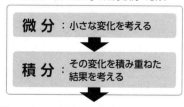

まとめ

◉微分積分はどうやって未来を予測するの？
Ⓐ微分積分は、現在からの「変化の積み重ね」を
　計算することで未来予測を行う。

微分積分を支える
"いいかげんな"発想

　微分積分は「変化の積み重ね」がどうなるかを知るための計算だという話をしましたが、よりイメージを明確にしていただくために、具体例で考えていきましょう。

　まず、あえて微分積分が不要なほどシンプルな例から考えてみます。そうすることで、どういう場面で微分積分が必要になるかがはっきりするからです。

【問題】
たけし君が自転車に乗って時速10kmで走っています。2時間後には何km先まで進んでいるでしょうか?

　この問題を解くには、小学校のときに習う「速さ×時間＝距離」という公式が使えます。いわゆる、「は・じ・きの公式」というやつです。

　今回は速さが時速10km、時間が2時間なので、

10km／時間×2時間＝20km

　ということで、20km進んでいることが分かりました。

　この状況はグラフで表すとより分かりやすくなります。図表1－2のように、縦軸を速さ、横軸を時間としてグラフを描いてみると、グラフは縦の長さが10、横の長さが2の長方形になります。
　そして、距離（＝速さ×時間）はちょうどこの長方形の面積になります。

図表1-2　速さが一定の場合

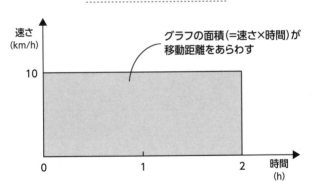

これくらい簡単な状況だとグラフで表すまでもないのですが、今からもう少し複雑な状況を考えるので、そのための下準備としてあえてグラフを持ち出してい

ます。

　ここまではとてもシンプルでしたが、実際のところ、自転車を2時間ずっと、まったく同じ速さで漕ぎ続けるのは現実的に難しいでしょう。

　途中に上り坂があれば速さは遅くなるし、下り坂では速くもなります。目的地にたどり着くまでに自転車の速さは変わっていくと考える方が自然です。

図表1-3　速さが変化する場合

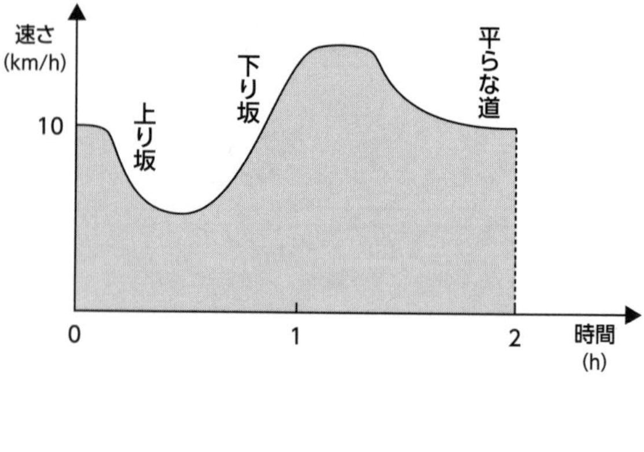

　例えば、自転車を漕ぎ始めてすぐに上り坂があり、そのあとで下り坂になり、最後は平らな道になるコースだったとすると、グラフはおおよそ図表1－3のようになるでしょう。図表1－2と比べると、時間によって速さが変わっていくため、グラフはデコボコして

いますね。

　こんなとき、2時間でどこまで進めたかを計算するには、どうすればよいでしょうか?

　距離を求めるためには「は・じ・きの公式」が使えればよいのですが、今回は速さがその時々で変わっているので、単純に“速さ×時間”で距離を計算することができません。

　さて困ったぞ……となるわけですが、少し柔軟に考えてみると、この難題もクリアすることができます。

　この場合は、その時々で速さが変わっていることが、問題を難しくしている原因です。

　こういうとき、まじめな人ほど「速さを正確に計算して出さなければ」と考えてしまうかもしれません。しかし、そのアプローチではこの難題は解けません。

　けれども、数学者は案外ズボラなもので、逆の発想をします。

　つまり、**「難しいことは計算しなくて済むように、問題をシンプルなものに置き換えてしまおう」**と考えます。

　具体的な解法に入りましょう。

　その時々で速さが変わることが問題なのであれば、**「速さが変わる暇がないくらい短い時間」**を考えるの

はどうでしょう？

　例えば、10分ごとに時間を区切って考えてみます。ここで10分という数字自体にはあまり深い意味はありません。多くの人が「まぁ短いかな」と思うくらいの時間間隔、という意味で設定しています。

　これはつまり、図表1-4のように、2時間（＝120分）を10分ずつの12等分に区切って考えることを意味します。

図表1-4　2時間を10分ごとに区切ってみる

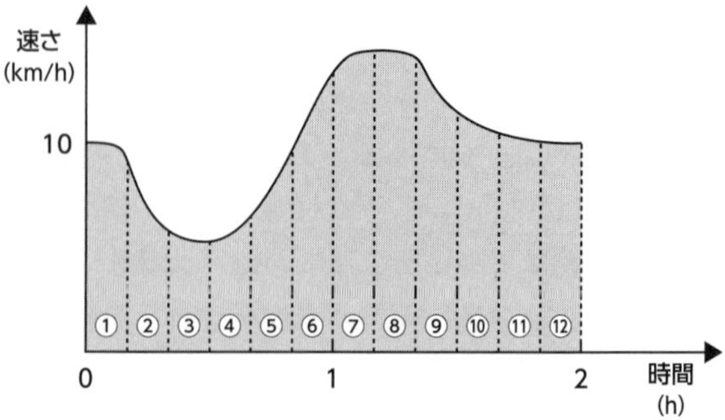

　こうすると、12個の各区間では、速さの変化があまり大きくないことが分かると思います。

　もちろん、速さがそれなりに変化している区間もありますが、2時間全体を見たときと比べれば、その変化はずいぶん小さいものになっています。

　実は、**この"短い時間を考える"ことこそが、微分の発想になります。**

　図表1‐1で、微分は「小さな変化を考える」ことだと話しました。ここでは具体的に、2時間の移動を10分ごとという小さな単位に区切って考えています。

　その狙いは、「は・じ・きの公式」を使えるようにすることです。は・じ・きの公式は、速さが一定であれば使うことができるのでした。2時間を10分ごとに区切ることで、その状況（＝速さが一定という状況）にぐんと近づきました。

　ただ、近づいたといっても、10分間のあいだに速さが完全に一定というわけではありません。

　それでは、は・じ・きの公式は使えないじゃないか！と思われる方もいるかもしれませんが、先ほど**数学者はズボラだ**と言ったことを思い出してください。

　つまり、厳密に速さが一定ではなくても、ざっくり一定であれば、もう一定だとみなしてしまえばよいのです。

　具体的にどう考えるかを説明します。図表1‐5は、図表1‐4の区間①、すなわち自転車を漕ぎ始めて10分経過するまでをクローズアップしています。

　自転車がスタートしたばかりのときの速さは、グラフから時速10kmであることが分かりますね。その後に

速さは少し落ちていますが、その変化は無視してしまいましょう。

つまり、**スタートから10分間ずっと時速10kmだったとみなすのです。**

そうすれば、は・じ・きの公式、つまり「速さ×時間＝距離」によって、区画①において自転車がどれだけ進んだかを、ざっくり計算できます。

図表1-5　ズボラ発想で計算を楽にする工夫

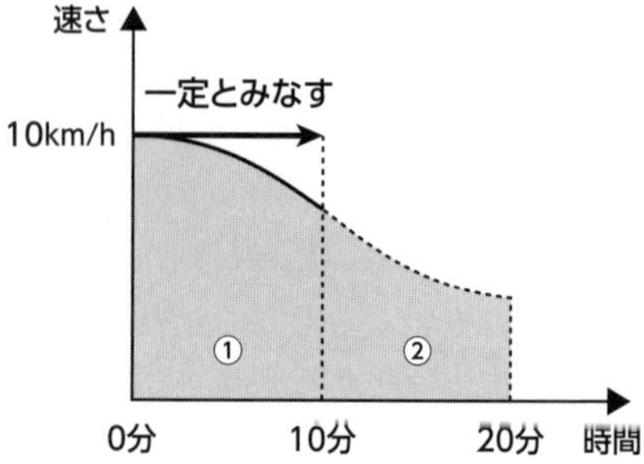

区間②〜⑫についても、同様の考え方をしてしまいましょう。速さを一定とみなし、は・じ・きの公式を当てはめることで、それぞれの区間における移動距離が計算できます。

そして最後に、区間①〜⑫の移動距離をすべて足し合わせれば、2時間トータルの移動距離が分かります。

　この考え方は、グラフで見るとより分かりやすくなります。図表1－6は、2時間を10分ごとの区間に区切り、それぞれの開始時点の速さを高さとした長方形を描いたものです。

　図表1－5の考え方をあてはめると、これらの長方形の面積（＝速さ×時間）は、その区間におけるおよその移動距離を表していることになります。そして、この12個の長方形の面積をすべて足したものが、全体のおよその移動距離だということです。

　この最終ステップの**「12個の長方形の面積をすべて足し合わせる」という部分が積分の計算になります。**

　図表1－1で、積分とは「小さな変化を積み重ねた結果を考える」ことだと話しました。ここでは、10分ごとの移動距離（＝小さな変化）を足し合わせてトータルの移動距離を出すことがそれにあたります。

　縦軸を速さ、横軸を時間とした場合に、長方形の面積（＝速さ×時間）が移動距離になるという話をしましたが、この考え方は、速さが変化する場合でも同じです。つまり、2時間トータルの正確な移動距離は、図表1－6のグラフの面積そのものです。

　今回やった計算は、グラフを細長い長方形で埋め尽くすことで面積を近似的に求めていることと同じです。

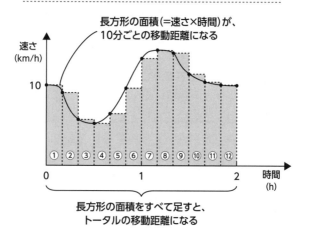

図表1-6　10分ごとに区切って移動距離を計算する

長方形の面積(＝速さ×時間)が、
10分ごとの移動距離になる

速さ
(km/h)

10

① ② ③ ④ ⑤ ⑥ ⑦ ⑧ ⑨ ⑩ ⑪ ⑫

0　　　　　　　　1　　　　　　　　2　　時間
(h)

長方形の面積をすべて足すと、
トータルの移動距離になる

　今までの話をまとめると、自転車の移動距離を計算するという問題を、微分と積分を次のように当てはめて解決しました。

微分

短い時間を考えることで計算を簡単にした（具体的には、10分間を考えることで「は・じ・きの公式」が使える状況にした）。

積分

計算した結果を積み重ねて元に戻した（具体的には、10分ごとの移動距離を足し合わせて2時間トータル

の移動距離を出した)。

　この計算は、かなり"いいかげん"であることに驚かれたかもしれません。

　というのも、実際には10分の間にも自転車の速さは変わっていくので、この10分間の速さを一定と"みなす"ことで、完全に正確な計算ではなくなっているからです。

　しかし、**この方法を使えば、実際の移動距離にかなり近い計算結果が出せるはずです**。並んだ長方形がところどころグラフからはみ出していたり、足りていなかったりするのが気になるかもしれませんが、これをもっと正確に計算したい場合には10分よりも短い時間、例えば1分ごとや、1秒ごとに区切ればいいだけです。

　さらに正確にしたければ、例えば0.1秒や0.01秒ごとに区切ればよいでしょう。どれくらい短い時間で区切るかは、あなたがどれくらい正確に計算したいかによります。

　つまり、時間の間隔を短くしていけば計算は正確になっていくのであり、根本の考え方そのものは変える必要はありません。

　細かく分けると計算が大変になるかも……と心配す

る必要も、実はありません。現代では、こういう面倒な計算はすべてコンピューターがやってくれます。

　つまり、**こうした"いいかげんな"発想が微分積分の本質なのです。**

　まとめると、短い時間を考えることで計算を簡単にし、あとで計算結果をつなぎ合わせて全体に戻したということです。

　このように、**微小に分けることで計算を簡単にする**（このケースでは微小な時間に分けて考える）ことを微分といいます。

　そして、そうやって**分けて計算したものを積み重ねて元に戻すことを積分**といいます。

　微分と積分が一緒に使われることが多いのは、細かく分けて単純化（＝微分）して考えたあとに、積み重ねて元に戻す（＝積分）という一連の思考プロセスになっているからです。

　「はじめに」では、厳密な予測をするときに微分積分が必要だということを説明しました。それなのに、微分積分の本質が"いいかげん"だという爆弾発言に驚かれたかもしれません。

　でも、そこはご安心ください。たしかに発想はいいかげんですが、微分のときに十分に細かく分けさえす

れば、正確な結果が得られます。細かく分けたあとの計算も、現代ではコンピューターが高速で計算してくれます。

そのため、"微分"のステップで心置きなく「非常に細かく分ける」ことができます。ですから、かなり高い精度での予測が現代では可能になっているのです。

これはつまり、逆説的ではありますが、**"いいかげんな発想"から始まった微分積分が"厳密な予測"を生んでいる**とも言えるでしょう。

もちろん、コンピューターが登場する以前から微分積分の計算は色々な分野で使われていましたが、コンピューターの登場で計算が楽になった分、現代ではひと昔前よりも微分積分の活躍の場が広がり、その重要性はどんどん増しています。

まとめ

Ｑ「微分積分」という言葉の意味は？

Ａ 微分積分は、「微分」と「積分」をつなげた言葉。計算の手順が名前の由来になっている。

微分：微小に分けることで計算を簡単にする

積分：分けて計算したものを積み重ねて元に戻す

身近な微分積分：
車のスピードメーター

　微分積分は、現代社会を生きる私たちの日常にも潜んでいます。身近な例として、車の運転席についているスピードメーターを見てみましょう。

図表1-7　車のスピードメーターと微分積分

速度計

走行距離計

　車のスピードメーターは、車の速度を表す速度計と、トータルの走行距離を表す走行距離計からできています。
　速度計は、1秒間にどれだけ車が進んだかを測定することで速度を割り出しています。

　より具体的には、1秒間にタイヤが何回転したかを
記録しています。例えば、タイヤが一周したときに車
が2m進むとすると、1秒間に5回転するときは10m
（＝2m×5回転）進むことになります。ここから、車
の速度は秒速10m＝時速36kmと計算できます（10m／
秒×60秒×60分＝36000m＝36km）。

　速度計の仕組みが分かったところで、次は走行距離
計も見てみましょう。ここからが微分積分の話になり
ます。
　走行距離計（オドメーター）は、その車が今まで何
km走ったのかを記録しているものです。車にも寿命が
あり、走れば走るほど少しずつガタがきて、走行距離
が10万kmを超えると買い替えの検討を始めた方がよい
といわれています。
　そういった買い替えどきを知るために走行距離計が
役に立ちます。

　この走行距離計には、まさに微分積分の考え方が使
われています。
　仕組みは単純です。先ほど話したように、速度計が
1秒ごとの移動距離（＝1秒間のタイヤ回転数×タイヤ
1回転分の移動距離）を測定してくれているので、そ
の1秒ごとの移動距離をすべて足し合わせるとトータ
ルの走行距離が計算できる、という仕組みです。

本章で見てきたように、速度が一定でない自動車の走行距離を求めるためには、まず「短い時間を考える」ことで、計算を簡単にする必要がありました。

　つまり、ここでは「1秒ごと」に分けて移動距離を測定しておき、最終的にそれを積み重ねることで、トータルの移動距離を表示するという、微分積分の発想が使われているのです。

まとめ

Q 微分積分はどんなところで使われている？

A 微分積分は、車のスピードメーターなど、**我々の身近なところでいくつも使われている。**

微分積分で未来を予測してみよう： ロケットはいつ宇宙にたどり着く？

　ここまで読んで、微分積分がどんなものか、何となくイメージがつかめてきたでしょうか？

　要は、**扱いやすいように細かく分割して計算し（＝微分）、その結果を積み重ねて元に戻す（＝積分）**という思考ノウハウを、微分積分と呼んでいるのです。

　微分積分の考え方になじんでいただくために、ここで少し練習問題をやってみましょう。微分積分を使って、数時間後の未来を予測する問題です。

【問題】
ロケットが宇宙にたどり着く時間を
予想してみよう

　あなたは宇宙企業に勤めているエンジニアで、ロケット打ち上げのスケジュール管理を担当しています。

　設計書によると、ロケットの上昇速度は発射時点では10km／分で、そこから１分ごとに10km／分ずつ速度が増していきます。つまり、ロケットの上昇速度は、１分後には20km／分、２分後には30km／分というように増えていきます。

このロケットを午前10時ちょうどに発射した
とき、それが宇宙へ到達するのは何時何分になる
でしょうか？

　ただし、国際的な取り決めにより高度100km
以上を「宇宙」と呼ぶことになっているので、高
度100kmに到達したことをもって宇宙へ到達し
たとみなします。

　いきなりロケットの話が出てきて驚いたかもしれませ
んが、考え方としては、先ほど出てきた自転車の例
とまったく同じです。

　自転車のときは、時間を10分ごとに区切って考えま
したね（微分の発想）。ここでは計算を簡単にするた
め、1分ずつに区切って考えてみましょう。

　まずは、ロケットの上昇速度をグラフに表してみま
しょう（図表1−8）。上昇速度は10km／分からスター
トして速度が増していくので、右肩上がりのグラフに
なります。

　このグラフは、自転車のときのグラフと同じで縦軸
が速度、横軸が時間になっています。ということは、
このグラフの面積がロケットの移動距離、すなわち高
度を表していることになります。

　ですので、先ほどと同様の考え方で、長方形で埋め

尽くしてみましょう。

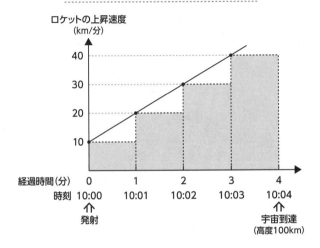

図表1-8　ロケットの上昇速度のグラフ

図表1-9　ロケットの1分ごとの状況

時刻	上昇速度	上昇幅 （長方形の面積）	高度
10:00 – 10:01	10km/分 （10:00の時点）	10km/分×1分 ＝10km	10km
10:01 – 10:02	20km/分 （10:01の時点）	20km/分×1分 ＝20km	30km
10:02 – 10:03	30km/分 （10:02の時点）	30km/分×1分 ＝30km	60km
10:03 – 10:04	40km/分 （10:03の時点）	40km/分×1分 ＝40km	100km

具体的な計算を図表1－9にまとめました。

　1分間の間にも速度は変化を続けているのですが、ここではその変化を無視して、1分間ずっと速度が一定だと考え、は・じ・きの公式を当てはめています。

　ここでは、短い時間における速度の変化を無視するという、図表1－5で学んだズボラ発想を活用しています。

　この計算から、10時4分にロケットが高度100kmに到達することが分かります（あくまで、ざっくり計算ですが）。

　なお、実際にロケットが宇宙にたどり着くための計算は、ロケットの上部に格納された人工衛星がうまく軌道に投入されるように工夫する必要があるなどの理由から、今回の練習問題のように単純な計算にはなりません。その点に注意してください。

　こうしてロケットエンジニアのあなたは、ロケットが何時何分に宇宙へ到達するかを、ロケットを実際に発射する前の段階で知ることができました！

　繰り返しになりますが、計算をより正確にする必要がある場合は、より短い時間に区切ればよいだけです。ここでは考え方を理解していただくことが主な目的なので、ざっくり1分で区切って考えましたが、実際にロケットを打ち上げる場合には、もっと短い時間で区切った予測が行われていることでしょう。

　ここまで、微分積分は未来予測の数学だという話を
しましたが、改めて図表１-１を見れば、ここまでや
ってきたことの意味が、より深く理解できるはずで
す。

図表1-1　微分積分による未来予測の枠組み

「変化の積み重ね」を微分積分で計算

微分	：小さな変化を考える

↓

積分	：その変化を積み重ねた 　結果を考える

現在の状況　＋　現在からの変化　＝　**未来像**

　改めて復習しておくと、未来は、現在からの「変化
の積み重ね」でできています。この変化の積み重ねを
計算するのが、微分積分です。
　今回の問題については、以下のような対応関係にな
っています。

微分

小さな変化を考える
　→１分ごとの高度の上昇幅を計算

積分

その変化を積み重ねた結果を考える

→ 1分ごとの上昇幅を足し合わせてロケットの高度
を計算

　微分積分とは何かについてざっと見てきましたが、
イメージはつかめたでしょうか？

　章末に、この章で学んだことを簡単にまとめてみま
した。微分積分についてだいたいのイメージがつかめ
れば、第1章はクリアです！

まとめ

Q 微分積分の基本的な思考ノウハウとは？

A ①小さな変化を考え計算しやすくする（＝微
　　分）

　　②その変化を積み重ね元に戻す（＝積分）

第1章　まとめ

Q 微分積分って何ですか？

A 微分積分は**未来を予測するための数学**である。

Q 微分積分はどうやって未来を予測するの？

A 微分積分は、**現在からの「変化の積み重ね」を計算する**ことで未来予測を行う。

Q「微分積分」という言葉の意味は？

A 微分積分は、「微分」と「積分」をつなげた言葉。計算の手順が名前の由来になっている。

微分：**微小に分けることで計算を簡単にする**

積分：**分けて計算したものを積み重ねて元に戻す**

Q 微分積分はどんなところで使われている？

A 微分積分は、車のスピードメーターなど、**我々の身近なところでいくつも使われている。**

Q 微分積分の基本的な思考ノウハウとは？

A ①**小さな変化を考え計算しやすくする（＝微分）**

②**その変化を積み重ね元に戻す（＝積分）**

歴史から学ぶ
微分積分

微分積分、
その成り立ちと歴史

　ここまで、微分と積分をひとまとめにして説明して
きました。両者は実際に表裏一体なのですが、それぞ
れが別の役割を持っています。

　とはいっても、数学を専門としていない人からする
と、その違いは少し分かりづらいものです。

　そこで第２章では、微分と積分の成立の歴史をたど
ることで、両者の違いや役割を理解していきたいと思
います。

　わざわざ歴史の話を持ち出さなくても、単純に両者
の違いを説明すればいいだけじゃないかと思うかもし
れません。

　しかし、現代の微分積分は、先人の試行錯誤の末に
出来上がった完成品です。いきなり完成した姿を見せ
られて「こうなっています」と結果だけ説明されて
も、どういういきさつでそうなったかが分からない
と、納得しづらいのではないでしょうか。

　いきなり「こういう違いがあります」と結論だけ説
明するよりも、微分と積分がそれぞれどういう経緯で

登場したかを知っておいた方が理解もしやすいはずです。

　微分と積分の違いは、第3章でかなり詳しく説明するのですが、その前に本章で成立の過程を知っておくと、第3章の話も理解しやすくなると思います。

　それではさっそく、微分と積分の歴史をひもといていきましょう。

　微分積分が今のように洗練された数学になるまでには長い時間がかかっています。

　人類は、第1章で説明したような計算をいきなり思いついたわけではなく、色々と苦労しながら少しずつやり方を洗練してきました。

　ここからは、そんな微分積分の誕生秘話を見ていきましょう。

　実は微分積分は、いずれも生活上のニーズから生まれてきたものです。
「今年が豊作か凶作か予想するためにナイル川の水位を知りたいから」「注文した量のワインがきちんと届いているか知りたいから」「砲弾を敵に命中させてやっつけたいから」……こんな人間らしい理由から微分積分は発展してきました。

　結論を先にいうと、微分積分は17世紀にニュートン

とライプニッツという２人の人物によって確立されました。現代の数学の教科書に載っている微分積分は、この２人の理論をもとにしています。

　しかし、２人が突然に微分積分を思いついたわけではなく、それまでに色々なヒントとなる研究がありました。

　実際に発見者の１人であるニュートンは、微分積分のヒントになるような偉大な研究結果を残した先人を巨人になぞらえ、自分自身を「巨人の肩にのる小人」と言っています。

まとめ

> **Q** なぜ微分積分の歴史を学ぶ必要があるの？
> **A** 微分積分は生活上のニーズから生まれた数学。
>   その成立の歴史を知れば、理解もしやすい。

積分は
ナイルの賜物？

　微分と積分は同じタイミングで生まれたわけではなく、歴史的には積分の方が先に生まれました。

　第1章で、積分は「面積を求める」ための方法論であることを学びましたね。グラフの面積を求めるために、グラフを細長い長方形で埋め尽くすという方法を使いました。

　このように、まずは細かく分けて考え、それを足し合わせることで全体の結果を出すのが積分の考え方でした。

　この考え方は、実は古代エジプトの時代から少しずつ発展してきました。

　古代エジプト文明は、紀元前5000年頃から、ナイル川の周辺に繁栄していました。当時のナイル川は、毎年7〜8月ごろに氾濫して、あたり一帯を水浸しにしていました。

　その後、9月ごろに水が引いてくると、川の泥水が乾いて黒い土があたり一面に残ります。この黒い土は、上流のエチオピアから運ばれてきた肥沃な土で、農業に適しているため、たくさんの小麦を育てること

ができました。

「エジプトはナイルの賜物」という有名な言葉がありますが、ナイル川が運んでくるこの肥沃な土のおかげで、砂漠のど真ん中のエジプトにおいてたくさんの農作物をつくることができたのです。

その結果、人々の暮らしが安定し、人口が増え続けたために世界有数のエジプト文明が誕生したのでした。

しかし、このナイル川の氾濫は年によって水位が高かったり低かったりするために、年によっては困ったことが起こります。

氾濫の水位が低すぎる年は、肥沃な土があまり運ばれてこないために農作物が育たず、食糧不足におちいっていました。

逆に、水位が高い年は肥沃な土が大量に運ばれてくるために豊作になっていました。

そこで、エジプトの支配層は、ナイル川の水位を見て税金を決めていました。

水位が高い年は豊作になる可能性が高いので、その分だけ税金を高くしていたのです。

水位を確認するのは、神官の役割でした。この水位の確認に使われていたのが、「ナイロメーター」と呼ばれる施設です。

　ナイロメーターは神殿の中にあって、一般人が立ち入ることは禁止されていました。

　神官だけが、そこへ立ち入ってナイル川の水位を正確に知ることができました。

　このナイロメーターの仕組みですが、ナイル川のそばの地面を深く掘って穴をつくり、そこに模様のついた柱を立てます。そして、穴の側面にナイル川に通じるトンネルをあけます。

　すると、トンネルからナイル川の水が流れ込んできて、穴の中の柱が水に浸かります。これでナイロメーターの完成です（写真2－1、2－2）。

　ナイル川の水位が高ければ、柱の高い位置まで水に浸かることになります。川の水位が低い時期は、柱の低い位置までしか水に浸からないことになります。

　そうやって柱がどこまで水に浸かるかによってナイル川の水位を確認していたのです。

　柱がどこまで水に浸かっているかは、柱の模様で確認できます。写真2－1にあるように、柱には同じ縦幅の模様が規則的に描いてあります。

　ですので、神官たちは、水に浸かっていない模様が何個あるかを見ることで、深さを知ることができたのです。

　例えば、写真2－1では柱の模様が15段あります

ね。このうち、12段目の半分までが水に浸かっていま
す。

　ということは、12段目の残り半分＋13〜15段目の長
さ分だけがナイル川の今の水位ということです。

　仮に１段あたりの模様の長さが１メートルだとする
と、12段目の半分が0.5メートル、そして13、14、15
段目が計３メートルなので、水位が3.5メートルであ
ることが分かります（この当時はメートルという単位は
存在しなかったのですが、分かりやすく説明するために
現代人が使っている単位で説明しています）。

写真2-1　ナイロメーターの仕組み

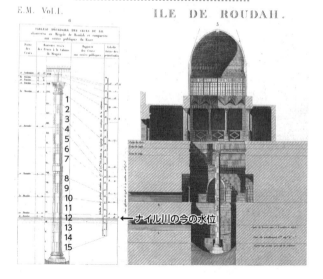

←ナイル川の今の水位

写真2-2　ナイロメーターのイラスト

　この発想は、２時間トータルの自転車の移動距離を
求めるために、時間を10分ごとに区切って計算した第
１章の考え方とそっくりだと思いませんか？

　水位の上昇を、柱の模様の一段ずつという小さな単
位に切り分け、その模様を積み重ねると何個分になる
か（＝積分の発想）で水位を確認していたのです。

　このように、積分が数学の一分野として成立するず
っと以前から、人類は生活の必要性にかられて積分の
原型ともいえる発想を生み出してきました。

Q 積分の始まりはいつ？

A 紀元前5000年頃から始まった古代エジプト文明で、ナイル川の水位を確認する「**ナイロメーター**」に積分の原型が見て取れる。

面積を知りたかった
古代ギリシャ人

　ここでエジプトから北へ目を向け、古代ギリシャを見てみましょう。

　紀元前8世紀頃の話です。当時のギリシャは、今のように国として1つにまとまっているわけではなく、都市国家の集まりでした。

　都市国家とは、独立した政治的な権力を持つ都市のことで、小さな国のようなものです。

　都市国家の住民は大きく分けて「自由市民」と「奴隷」の2種類に分かれていました。

　奴隷は戦争で負かした国から連れてきた人々などで、色々な労働は奴隷がすべてやっていました。

　一方、自由市民の仕事は、戦争が始まったときに戦いに出ることです。しかし、戦争がないときは特に仕事もなく暇でした。

　つまり、自由市民には考えたり議論したりする自由時間がくさるほどあったのです。

　自由市民はよくアゴラ（町の中心にある広場）に集まって、政治や学問についての議論に熱中していました。現代文明の基礎となるような政治体制や学問がギ

リシャから生まれたのは、こうした自由で真剣な議論の習慣があったからだとされています。

　学問の中でも特に盛んだったものが数学です。この時代の数学の研究は、ピタゴラスの定理の発見などすばらしい成果を出していました。

　当時のギリシャでは、数学の研究は神聖な行為だと思われていました。だから、「ピタゴラスの定理」で有名なピタゴラスは、ピタゴラス教団という数学研究のための宗教団体を立ち上げ、発見した数学の法則を門外不出の秘密としていたほどです。

　このころの研究テーマの１つが、図形の面積を求めるというものでした。

　皆さんも、三角形や四角形の面積を求める方法を学校で習った記憶があるでしょう。これらの図形は、公式を使って簡単に面積を求めることができます。

　しかし、少し複雑な図形になってくると、公式を当てはめることができません。そういったイレギュラーな形の場合にどうやって面積を求めたらよいかということを、ギリシャ人は研究していました。

　ギリシャの数学者アンティポンやエウドクソスが考えだし、アルキメデスが発展させたのが、**「取りつくし法」**と呼ばれる面積の計算方法です。

　この方法は、四角形や三角形などの面積が求めやすいシンプルな図形を使って、面積を求めたい図形を埋め尽くすというものです。

　どういったやり方なのかのイメージをつかんでいただくために、図表2-1の例をご覧ください。

　ドーム状の形をした図形の面積を求めたいのですが、三角形や四角形のような単純な形ではないので、少し難しそうです。

　そこで、この図形を三角形で埋め尽くすことで面積を求めます。図の3つの三角形（①、②、③）の面積を足したものは、もとのドーム状の図形の面積とおおむね一致する、と考えます。これが、取りつくし法の考え方です。

図表2-1　取りつくし法の例

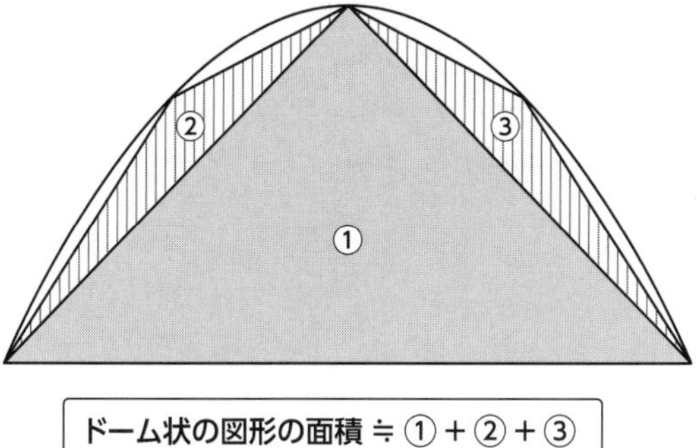

ドーム状の図形の面積 ≒ ① ＋ ② ＋ ③

この考え方を使うと、三角形や四角形などの基本的な図形の面積を求める方法さえ知っていれば、三角形や四角形で図形を埋め尽くすことによって、どんな形の図形でもおおよその面積を知ることができます。

　この考え方は、"細長い四角形でグラフを埋め尽くして面積を求める"という積分の考え方の原型になっています。取りつくし法の時代は三角形なども使っていたのですが、積分では四角形しか使わない点が違います。

　最初は三角形なども使っていたけれど、長い年月をかけて色々と試行錯誤した結果、四角形だけ使えばOKだということに気付いたわけです。

まとめ

◎積分はどう発展したの？

Ａ古代ギリシャで生まれた「取りつくし法」から、「長方形でグラフを埋め尽くして面積を求める」積分の考え方が生まれた。

「お酒の量」が気になって
世紀の大発見をしたケプラー

　アルキメデスの時代から約1800年後、16〜17世紀の
ドイツの天文学者ヨハネス・ケプラーは、取りつくし
法と似た発想で体積を求める方法を考えました。

　彼が体積を求めたのは、ワインの酒樽（さかだる）です。

　その当時、ケプラーは結婚式の準備で大忙しで、パ
ーティーのために大量のワインを注文しました。

　当時のワイン商人は、酒樽に長い棒を差し入れるこ
とでワインの量を量っていました。棒がぬれた長さ
で、樽にどれだけワインが入っているかを確認してい
ました。

　しかしケプラーは、この方法に納得がいきませんで
した。酒樽の形はそれぞれ違うのに、棒のぬれた長さ
が同じなら同じ量が入っているとワイン商人が考えて
いたからです。

　こんな方法では、ワインの量を正確に量れていない
とケプラーは考えました。

　そこでケプラーは、数学を使うことで、酒樽にどれ
くらいワインが入っているかを計算する方法を考えま
した。

その方法は、酒樽を細かく輪切りにして、それぞれを平べったい円柱とみなして体積を求め、最後にそれを足し合わせて体積を出すというものです（なお、本当に輪切りにするのではなく、頭の中でそう考えるという意味です）。

図表2-2　ケプラーの酒樽の考え方

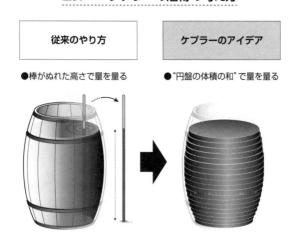

従来のやり方	ケプラーのアイデア
●棒がぬれた高さで量を量る	●"円盤の体積の和"で量を量る

樽は中心付近がふくらんでいるので、その体積を簡単に出すことはできません。

けれども、平べったい円柱の集まりだと考えれば、とたんに体積を求めるのが簡単になります。というのも、円柱の体積は、公式を使ってすぐに出すことができるからです。

　要するにケプラーは、数学者としての「ズボラ精神」を存分に発揮して、酒樽の体積を求めるという難題に真っ向から挑むことを避け、それを（頭の中で）輪切りにしてしまったわけです！

　まず輪切りにして、スライスされた1枚1枚を円柱だと考えれば、残された課題は「円柱の体積を求める」ことだけになります。そして、円柱の体積は公式を使って簡単に求めることができるわけです。

　このように、細かく分けることで計算しやすくして、あとから全部を足して結果を出すというケプラーのアイデアは、積分の発想そのものです。

　このケプラーの業績は、長方形でグラフを埋め尽くすことで面積を求める積分の計算方法につながっていきます。

　ちゃんと注文した通りの量のお酒が届いているかを確認するためだけに世紀の大発見をするなんて、さすが天才としか言いようがありません。

　このように、積分は、細かく刻んだものを足し合わせて全体の結果を知るための計算です。

　こうした積分の思考プロセスは、グラフで考えると、とても分かりやすくなります。

　例えば、第1章で出てきた自転車の例では、縦軸が速さ、横軸が時間のグラフで移動の状況を表し、その

グラフの面積を求めることで、自転車の移動距離を知ることができましたね（図表1−6）。

図表1-6　10分ごとに区切って移動距離を計算する

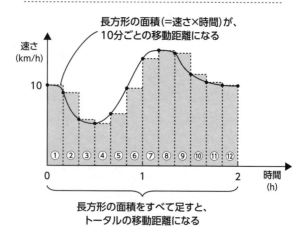

長方形の面積(=速さ×時間)が、10分ごとの移動距離になる

長方形の面積をすべて足すと、トータルの移動距離になる

つまり、状況をグラフで表しているときは、「細かく刻んだものを足し合わせて全体の結果を知る」という積分の計算は、そのグラフの面積を求めることを意味します。

ですから、高校では、**「積分とはグラフの面積を求める計算のこと」**だと教えているわけです。

まとめ

Q 歴史から分かった積分の正体とは？

A 積分とは、**グラフの面積を求める計算**だった！

ついに微分の登場！
戦争と大砲から生まれた数学

　積分から少し遅れて、16〜17世紀ごろから微分の考え方が登場してきます。

　実は、微分が発展する原動力になった最初のニーズは「戦争」でした。当時は大砲で敵を攻撃するのが最も効果的な戦いの手段だったのですが、砲弾を正確に敵に当てるために数学の力が必要だったのです。

　もともと大砲は、軍人が勘と経験で撃っていましたが、それだと外すことも多くて困っていました。

　数学を使って砲弾の届く距離などを正確に計算することができれば、命中率を格段に上げることができます。そのため、砲弾の軌道を正確に知りたいというニーズがあったのです。

　この研究テーマで大きな成果を挙げたのが、ガリレオ・ガリレイです。

　彼は、砲弾の軌道を水平方向と垂直方向の２方向に分けて考えるとよいことに気付きました。

　図表２−３に、砲弾の軌道についてのガリレオの考え方をまとめました。

　まず、撃ち出された砲弾は、撃ち出された方角にそのまままっすぐ飛んでいこうとします。

　しかし、重力があるので、砲弾はだんだん下に落ちていきます。

　この、「まっすぐ飛ぶ」運動と「下に落ちる」運動という2種類の動きが合成されて、砲弾の軌道が決まると考えたのです。

図表2-3　ガリレオの砲弾の軌道の考え方

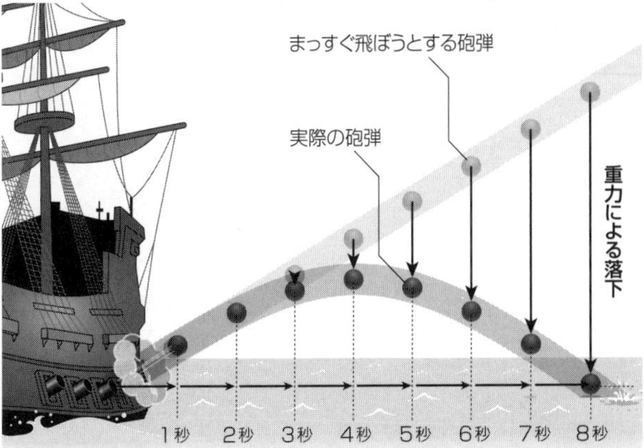

まっすぐ飛ぼうとする砲弾

実際の砲弾

重力による落下

1秒　2秒　3秒　4秒　5秒　6秒　7秒　8秒

　この研究がきっかけとなって、砲弾の軌道は放物線（＝ものを投げたときのアーチ状の軌道）と呼ばれる数式で表されることが分かったのです。

砲弾の軌道が分かれば、砲弾がどれだけ離れた相手に当たるかどうかも計算で出せます。

　つまり、どれくらい近づけば敵に命中させられるかが正確に分かるということなので、これは戦略的に大変有利になります。

まとめ

Q 微分の始まりはいつ？

A 16〜17世紀ごろ、戦争で大砲を使って敵を攻撃するとき、砲弾の軌道を正確に計算して知りたいというニーズから生まれた。

砲弾の"進む方向"を
知るには？

　砲弾の軌道の研究はさらに進みます。

　どれだけ遠くまで届くかが計算できるようになった
わけですが、今度はさらに、砲弾がどの方角へと飛ぶ
かも計算したいというニーズが出てきました。という
のも、砲弾が進む向きは時間がたつと変わっていくか
らです。

　図表2-4のように、砲弾の進む方向（図中の矢
印）はたえず変わっていきます。砲弾が敵の城や船に
命中するとき、どの方向から当たるのかによってダメ
ージも変わってくるでしょう。

図表2-4　砲弾の進行方向の変化

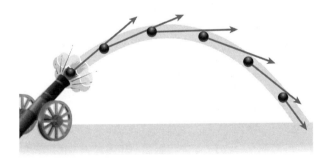

ですので、砲弾の進む方向（＝砲弾がどの方向から当たるか）が分かれば、より効果的にダメージを与える戦略を考えることができます。

　となると、砲弾の進む方向についても、数学を使って計算できるようになりたいですね。

　すでにヒントはあります。というのも、先ほど話したように、砲弾の軌道は放物線と呼ばれる曲線（図2－5のようなアーチ状の曲線）で表せると分かっているからです。

　すでに砲弾の軌道のことは分かっているので、砲弾の"軌道"と"進む方向"の関係が分かれば、進む方向についても計算できるに違いありません。

　実は、私たちはすでに解決策を知っています。

　第1章のときと同じように、「短い時間を考える」という微分の発想によって、この問題を解決することができます。

　砲弾は、時間とともに飛んでいく方向が変わっていくわけですが、例えば0.1秒や0.001秒などの短い時間を考えてみましょう。それだけ短い時間であれば、砲弾が飛ぶ方向はほとんど変わりません。

　より正確に言うと、実際は短い時間であっても少しは変わっているのですが、時間が短すぎて、無視できるほどしか方向が変わらないということです。

　つまり、非常に短い時間であれば、砲弾はまっすぐ飛んでいると考えてもよいのです。ここでは、第1章で学んだ「ズボラな」発想が生きています。

　まっすぐ飛んでいるとみなせるのであれば、話は簡単です。あとは、具体的にどの方向に飛んでいるのかさえ分かればすべて解決します。

　結論を言ってしまうと、砲弾がどの方向に飛んでいるのかは、図表2-5のようにグラフに一本の線を引くだけで分かります。
　この線は、曲線（この場合は放物線）に接している直線で、数学の用語で**「接線」**といいます（"接している線" という意味）。

図表2-5　放物線と接線の関係

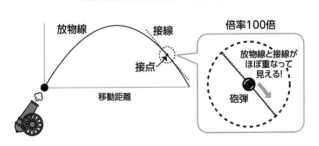

　この接線が、その瞬間に砲弾が飛んでいる方向を表

しています。なぜそういえるかは、放物線をズームアップして見てみると分かります。

放物線と接線が接している点のことを**接点**というのですが、その接点の周辺を虫メガネで倍率100倍にズームアップしたのが図表2−5の右側の図です。

このように、ズームアップして見ると、放物線と接線がほぼ重なり合って、見分けがつかなくなっていますね。

つまり、放物線そのものは曲がった線（＝曲線）ですが、その一部をズームアップすると、接線（＝直線）と区別がつかなくなるのです。

実は、これと似たようなことを私たちも日常で経験しています。

私たちが住んでいる地球は、宇宙から見ると丸い形をしています。でも私たちは、水平な大地の上で暮らしていると感じているでしょう。

それは、私たちよりも地球の方がはるかに大きいので、球面上に住んでいることを実感できないからです。だからこそ昔の人類は、世界はお盆のように平らだと思い込んでいました。

それと同じように、全体としては曲線のグラフでも、その一部を虫メガネで拡大して見れば直線に見えるわけです。あるいは、自分がアリよりもずっと小さ

な小人になって曲線の上に降り立ったと考えてもいい
でしょう。

　地球に住む私たちが大地を平らだと勘違いしていた
ように、あなたは曲線のことを直線と思い込むに違い
ありません。

　この"ズームアップ"は、先ほどの"短い時間を考
える"ことと同じ意味になります。つまりは微分の発
想です。

　例えば、砲弾が時速100kmで飛んでいるとすると、
それは1秒で約28m進むことを意味します。

　28mというと、バスケットボールのコートの縦の長
さと同じなので、けっこうな距離です。砲弾が28mも
進んでいる間には、その進行方向もそれなりに変わっ
てしまうでしょう。

　では、その100分の1の時間、すなわち0.01秒では
どうでしょうか?

　0.01秒で進む距離は約28cmです。これだと、千円札
を横に2枚並べたくらいの長さなので、砲弾はほんの
少ししか進んでいないことになります。なので、砲弾
の飛ぶ方向もほぼ変わらないでしょう。

　つまり、砲弾は放物線に沿って動いているのです
が、ほんの短い時間を切り取れば、砲弾はほぼ直線的

に進んでいると考えてよいのです。

　より具体的に言うと、接線の方向に進んでいると考えることができます。

　つまり、**砲弾が敵に当たる瞬間も含め、ある瞬間における砲弾の進行方向を知ることは、軌道の曲線の接線を求めるという数学の問題に置き換えられる**のです。

　接線を求める方法を歴史上で初めて研究したのは、フランスの数学者であり哲学者であったデカルトです。

　デカルトは、図形と数式を結びつけて考える学問である「解析幾何学」の創始者です。名前はいかめしいですが、解析幾何学とは、要するに「グラフを使って考える数学」のことです。

　第1章では、自転車の移動距離やロケットの高度を求めるときに、縦軸が速さ、横軸が時間のグラフを考えましたね。つまり、速さの変化をグラフで表すことで、視覚的・図形的に考えることができるようにしたわけです。

　このような発想の元祖がデカルトです。というわけで、微分（や積分）をグラフで理解するという発想の原点がデカルトにあるのです。

　砲弾がどの方向へと飛ぶかは、こうして「接線」という数学のアイテムに置き換えることができました。

　そして接線は、先ほど説明したように微分積分の考え方にもとづいています。

　このように、**微分とは、"その瞬間の変化を考えること"** です。それは、グラフでいえば「**接線を求めること**」を意味します。

　こうした背景があるので、高校では「**微分とはグラフの接線を求める計算のこと**」だと教えているわけです。

まとめ

Q歴史から分かった微分の正体とは？

A微分とは、**グラフの接線を求める計算**だった！

微分積分は現実的なニーズ から生まれた「役に立つ数学」

　本章では、積分と微分の考え方が生まれるまでの歴史をたどってきましたが、意外なほど現実的なニーズがきっかけとなっていたことに驚かれたかもしれません。

　最終的には、こうした先人の成果をもとに17世紀のニュートンとライプニッツが微分積分を大成させました。

　本章の冒頭でも少し触れましたが、ニュートンは、ある手紙の中で「私が彼方を見渡せたのだとしたら、それはひとえに巨人の肩の上に乗っていたからです」という言葉を残しています。

　これは、微分積分などの自分の業績が、先人たちの成果の上に成り立っていることを伝えようとしたとされています。

　「巨人」が具体的に誰なのかはニュートンの手紙には書かれていませんが、きっと本章で出てきた古代ギリシャ人、ケプラー、デカルトたちのことなのでしょう。

　このように、微分積分は生まれたときから「役に立

78

つ数学」でした。

　純粋な知的好奇心というよりは、何かを成し遂げる
ために必要な道具として生み出された数学だったので
す。

　だからこそ、微分積分は現代でもあらゆる場面で大
いに役に立っていて、現代文明は微分積分なしには成
り立たないと言ってもいいほどです。

　具体的にどのような場面で役に立っているかは、第
4章で詳しく紹介していきます。

まとめ

Ｑ 微分積分はなぜ、現代数学における最重要項目
と言われているのか？

Ａ 微分積分は**現実的な**ニーズから生まれた「**役に
立つ数学**」であり、それなしでは成り立たない
ほどに現代文明を支えているから。

マッスル微分積分
手を動かして理解を深めよう

　第2章では、微分積分の歴史をたどりながら、「微分」と「積分」の役割の違いをひもといていきました。第1章と第2章を読まれた方は、概念としての微分積分は理解したと自信を持っていいでしょう。

　このコラムでは、さらに理解を深めていただくために、微分と積分を実際に「手を動かすことで」理解していきましょう。もちろんここでも、数式はほとんど出てこないので安心してください。

　コンセプトは、理解をより深めるために「自分で手を動かすこと」です。というわけで、文字通り、手を動かしていただきます。

　このコラムを読み進めるには、本書のコピー（82ページ）とハサミと電卓（スマホの電卓でOK）と定規（15cmまで測れるもの）が必要なので、あらかじめ準備しておくとスムーズです。

　なぜ、「自分で手を動かすこと」が大切かというと、それによって脳が活性化して理解が深まるからです。

　脳と体の研究によると、脳は筋肉からの刺激を受け

ると活性化するそうです。軽い運動は脳への良い刺激
となり、頭がさえてきます。

　勉強するときも、ただ聞くだけよりも手を動かして
ノートに書きながら聞いた方が覚えやすいという研究
もあります。

　そこで本コラムでは、実際に"手を動かして"筋肉
（マッスル）に刺激を与えながら微分積分を学んでい
きます。

　そうすることで、単に座って本を読んでいるよりも
微分積分が頭にしみこんでいくという寸法です。名付
けて**「マッスル微分積分」**です。

　まずは積分から始めていきたいと思います。という
のも、積分の方が微分よりも直感的に理解しやすいか
らです。

　第2章で見てきたように、歴史上は積分の方が微分
よりも先に登場しています。

　それは、本質的に積分の方が直感的に理解しやすい
からにほかなりません。

マッスル積分：
ハサミを使って円の面積を求めてみよう

　それでは、積分から始めましょう。まずは、下記の
4つを用意してみてください。

・本書の白黒コピー（82ページ）
・ハサミ
・定規（15cmまで測れるもの）
・電卓（スマホの電卓でOK）

図表A　半径2.5cmの円

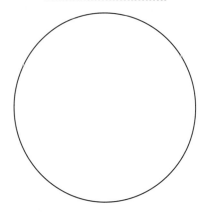

　ここでチャレンジする課題は、「円の面積を求める

こと」です。82ページに、半径2.5cmの円が描いてあります。こちらの円の面積を求めることが今回の課題です。

チャレンジ課題

積分の考え方を使って円の面積を求めよう！

　円の面積は公式（面積＝半径×半径×3.14）を使って求めることもできるのですが、ここでは、あえて公式は使いません。

　面積の公式を知らなくても、積分の考え方を使って面積を求めることができるのです。少し回りくどいですが、ここでの目的は積分の考え方を深く理解することなので、あえてそうしています。

　ここでは、4ステップに分けて順にやっていきましょう。

Step 1

円を扇形に切り分ける

　まず、半径2.5cmの円に図表Bのような折り目を入れます。このような折り目を入れるには、まず円を半分に折りたたみ、さらにそれを半分に折りたたみ……といった具合に、4回ほど繰り返せばOKです。

　ホールケーキをたくさんの人で分けあったときのように、折り目が入っていますね。この折り目に沿ってハサミを入れ、円をたくさんの扇形に切り分けてくだ

さい。図表Bは、このあとの作業の参考のために上半分と下半分で色分けしていますが、実際に作業をするときは、色を付けなくても大丈夫です。

図表B　半径2.5cmの円に折り目を入れる

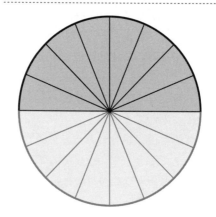

Step 2

扇形を互い違いに並べ替える

切り分けができたら、扇形を互い違いに図表Cのように並べます。

すると、長方形のような形になりますね。もともとは円だったものを刻んで並べ替えただけなので、この長方形（正しくは、"ほぼ"長方形）の面積は、もとの円の面積とまったく同じです。

図表C　円を線に沿って切り分けて並べ替える

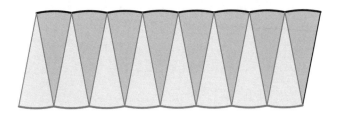

Step 3

長方形の縦と横の長さを測る

　長方形（正しくは"ほぼ"長方形）の縦と横の長さを測って、下の空欄に記録してください。

図表D　縦と横の長さを測る

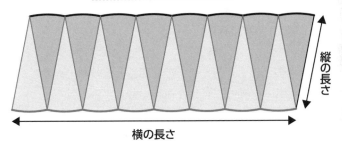

縦の長さ

横の長さ

縦の長さ：＿＿＿＿cm

横の長さ：＿＿＿＿cm

縦の長さと横の長さを掛け算して面積を求める

　最後に、Step 3で測った縦の長さと横の長さを掛け算します。

　すると、長方形の面積が出てきます。それを下の空欄に記入してください。

　　縦の長さ×横の長さ＝_____ ㎠

　この長方形は、円を扇形に刻んで並べ替えたものなので、この長方形の面積は、もとの円の面積と同じです。

　つまり、ここで求めた長方形の面積が、そのまま円の面積になります。

　　〈答え〉円の面積は：___ ___ ㎠

　さて、出した答えを正確な面積と比較してみましょう。公式を使って正確な面積を計算すると、

半径×半径×3.14＝2.5cm×2.5cm×3.14＝19.625㎠

　となります。これはマッスル積分の結果とほぼ同じになるはずです。

　このように、ほぼ正確に面積を求めることができま

した。筋肉の勝利です！

**　ここでは、「細かく刻んで積み重ねる」という積分の発想を使っています。**

　図形を刻んだあとで並べ方を変えることで、より面積を求めやすいカタチに変えたわけです。

　ここでも、数学者の"ズボラさ"が表れていますね。そのまま（つまり円のまま）考えるのではなく、もっと扱いやすいもの（長方形）に変えてから考えようというわけです。

　今回は円を16枚の扇形に切り分けましたが、例えば、32枚や64枚など、もっと細かく切り分ければ、計算結果はより正確になっていきます。

　もちろん、公式を知っていれば、それを使うのが一番簡単でしょう。

　しかし、公式にばかり頼っていると、公式そのものを知らなかったり、忘れていて使えない場合は、そこで思考がストップしてしまいます。

　それに比べて、積分の考え方は汎用性が高いので、こうして思考を前に進めて問題を解決することができるのです。

マッスル微分：
車のスピード違反をチェックしよう

　次は微分にいってみましょう。今回は手を動かしながら、表を埋めていってもらいます。ここでのチャレンジ課題は「スピード違反チェック」です。

チャレンジ課題

**　微分の考え方を使ってスピード違反をチェックしよう！**

　図表Eは、ある車が発進してから10分間の移動状況を表しています。この図表を見て、その車が制限速度をきちんと守って運転しているかをチェックしてみましょう。

　図表Eの左から１列目は、車が発進してからの経過時間（分）を表しています。そして２列目は、車が発進してからの移動距離を表しています。制限速度は50km／時とします。

　さて、この車はスピード違反をしているでしょうか？

　少し難しいかもしれませんが、微分の考え方を当てはめて思考を進めていきましょう。

　具体的には、１分間という短い時間でどれだけ車が

移動したかを考えてみます。

図表E　この車はスピード違反をしているか?

経過時間 (分)	移動距離 (km)
0	0
1	0.8
2	1.6
3	2.4
4	3.2
5	4.0
6	5.0
7	6.0
8	7.0
9	8.0
10	9.0

いきなり全体を考えるのは難しいので、**短い時間（この場合は1分間）を切り取って考えるという微分の発想を使う**わけです。

　具体的なヒントを図表Fに示しました。図表Fの左から3列目のように、1分間の移動距離を出していきます（この計算には電卓を使ってOKです）。

　1分間の移動距離が分かれば、それを60倍すれば時速になりますね（1時間＝60分なので）。

　図表Fの一番右の列に、そうやって求めた時速を記入しました。

　図表Fは、あえて途中までしか埋めていませんので、残りの部分を計算して自分で埋めてみてください！

　埋め終わったら、図表Gの解答を見て答え合わせをしてみてください。

図表F　解答のヒント

経過時間 （分）	移動距離 （km）	1分間の移動 距離（km）	時速
0	0		
1	0.8	0.8	0.8km/分×60分＝ 48km/時
2	1.6	0.8	0.8km/分×60分＝ 48km/時
3	2.4	0.8	0.8km/分×60分＝ 48km/時
4	3.2		
5	4.0		
6	5.0		
7	6.0		
8	7.0		
9	8.0		
10	9.0		

　図表Gを見ると、この問題の最終的な答えが分かり
ます。

　制限速度は時速50kmでしたね。つまり、スタートか
ら5分間は制限速度を守って時速48kmで走っていたけ

れども、その後は時速60kmに加速しているのでスピード違反だったことになります。

　このドライバーさんは、待ち合わせに遅れそうなことに気付いて途中からスピードを上げ、結果としてスピード違反をしてしまったのかもしれません。皆さんは、制限速度を守って運転するようにしてくださいね。

　積分と微分について、自分で手を動かして体験してみた結果はいかがだったでしょうか？

　数式らしい数式はほとんど出てこなかったので、拍子抜けしたかもしれませんね。

　実際のところ、微分積分の本質は、数式なしで理解できるものなのです！

　これでマッスル微分積分は終わりです。

　お風呂にでも入って筋肉をゆっくり休めてください。お疲れさまでした。

図表G　解答

経過時間 (分)	移動距離 (km)	1分間の移動 距離(km)	時速	判定
0	0			
1	0.8	0.8	0.8km/分×60分＝ 48km/時	OK!
2	1.6	0.8	0.8km/分×60分＝ 48km/時	OK!
3	2.4	0.8	0.8km/分×60分＝ 48km/時	OK!
4	3.2	0.8	0.8km/分×60分＝ 48km/時	OK!
5	4.0	0.8	0.8km/分×60分＝ 48km/時	OK!
6	5.0	1.0	1.0km/分×60分＝ 60km/時	速度違反!
7	6.0	1.0	1.0km/分×60分＝ 60km/時	速度違反!
8	7.0	1.0	1.0km/分×60分＝ 60km/時	速度違反!
9	8.0	1.0	1.0km/分×60分＝ 60km/時	速度違反!
10	9.0	1.0	1.0km/分×60分＝ 60km/時	速度違反!

制限速度：50km/時

Q なぜ微分積分の歴史を学ぶ必要があるの？

A 微分積分は **生活上のニーズから生まれた数学**。その成立の歴史を知れば、理解もしやすい。

Q 積分の始まりはいつ？

A 紀元前5000年頃から始まった古代エジプト文明で、ナイル川の水位を確認する **「ナイロメーター」** に積分の原型が見て取れる。

Q 積分はどう発展したの？

A 古代ギリシャで生まれた「取りつくし法」から、**「長方形でグラフを埋め尽くして面積を求める」** 積分の考え方が生まれた。

Q 歴史から分かった積分の正体とは？

A 積分とは、**グラフの面積を求める計算** だった！

Q 微分の始まりはいつ？

A 16〜17世紀ごろ、戦争で大砲を使って敵を攻撃するとき、**砲弾の軌道を正確に計算して知りたい** というニーズから生まれた。

Q 歴史から分かった微分の正体とは？
A 微分とは、**グラフの接線を求める計算**だった！

Q 微分積分はなぜ、現代数学における最重要項目
と言われているのか？
A 微分積分は**現実的なニーズから生まれた「役に
立つ数学」**であり、それなしでは成り立たない
ほどに現代文明を支えているから。

第 3 章

微分積分の
数式や記号を
学び直す

数式は怖くない！
微分積分の本質を端的に示す

　第2章までは、微分積分の基本的な考え方と、その成立の経緯について見てきました。ここまでは数式がなるべく出てこないように細心の注意を払っていました。それは、数式に触れなくても微分積分の本質に迫れるということを読者の方々に実感してほしかったからです。

　しかし、せっかくここまできたのだから、より深く微分積分を知ってほしいと私は思っています。そのためには、最小限に絞った形で数式にも触れてみるというのが最も有効な手段になります。

　そこで本章では、第2章までで学んだ考え方がどう数式と結びつくかを見ていきます。
　とはいっても、出てくる数式は理解に必要な最小限のものに厳選しているので、気楽に読み進めていってください。

　高校時代に微分積分を学んだ方は、教科書に「$\int$」や「$\dfrac{dy}{dx}$」といった変な記号が登場してきたのをご記憶かもしれません。

　数式や記号のせいで「分かりにくい」と言われる微分積分ですが、数式を使うのは「それが便利であるから」、もっと言えば「汎用性が高く、どんな事例にも適用できるから」です。

　実際のところ、数式をさわりの部分だけでも理解しておくと、微分積分が世の中で役立っていることを納得する上で大きな助けになります。
　微分積分が世の中で大活躍していることは第4章で詳しく紹介していくのですが、その前にこの章で、数式とのつながりを学んでいきましょう。

　この章では今までと比べると少しだけややこしい計算が出てきてしまいますが、大切なのは細かい計算をマスターすることではなく、考え方を理解することです。
　数式の背後にある視覚的なイメージや、「ものごとを細かく分けて単純化する」という微分積分の基本思想を意識しながら読み進めていただければと思います。

　今までも何度か触れてきたように、微分積分は、グラフと結びつけて考えると理解しやすくなります。そこで本章では、なるべくグラフを使って視覚的なイメージと関連づけながら話を進めていきます。

Q なぜ最小限に絞った形で数式や記号を学ぶ必要があるの？

A 一見分かりにくい数式や記号は、むしろ「どんな事例にも適用できる汎用性を持っている」から。

微分とは
「グラフの傾きを求める」こと

　第1章では、小さな変化を考えることが微分だと話しました。

　第1章で、自転車の移動距離やロケットの高度を求めるという例が出てきましたが、課題を解決するキーとなったのは、短い時間だけに着目するという考え方でした。

　この、"小さな変化を考える"ということについて、より踏み込んで考えると何を意味しているのかを掘り下げていきたいと思います。

　微分積分を使って思考を進めていく上では、考えている問題をグラフで表すことが大切になります。グラフで表すことで、状況を視覚的に理解しやすくなるからです。

　そこで、まずは問題をグラフでどう表すかという話から始めましょう。

　あなたは北海道の広大な平原をおとずれ、ずっと続く一直線の道路をドライブしているとします。信号もめったにないので、制限速度ぴったりで走り続けています。

なぜ"制限速度ぴったりで"という一言を加えたか
というと、車が速度を常に一定に保ちながら進んでい
くような状況を考えたかったからです。

　このときの走行時間と走行距離の関係をグラフに表
すと、どんな形のグラフになるでしょうか？
　少し考えてから、図表3－1を見てみてください。

図表3-1　速度が一定の場合の「距離-時間」のグラフ①

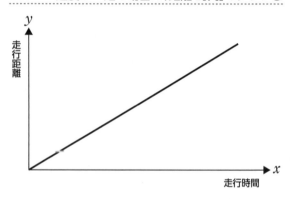

　このグラフは、横軸が走行時間、縦軸が走行距離を
表しています。
　第1章の自転車の例で出てきたグラフは縦軸が速さ
でしたが、このグラフは距離なので注意してくださ
い。その方が説明しやすいので、あえてそうしていま
す。

　速度がそもそも一定の場合は、走行時間に比例して走行距離が伸びていくので、グラフは直線状になります。
「グラフはまっすぐになるんじゃないか」と思っていた方、正解です！

　では、このグラフから、車の速度を知ることはできるでしょうか？
　走行時間は横軸、走行距離は縦軸から読みとれますが、速度ははっきりとは書いてありません。

　ここで、小学校で習う「は・じ・きの公式」（速さ×時間＝距離）を再び思い出してください。
　このグラフは、横軸が時間、縦軸が距離になっていますが、速さはどこに表れているでしょうか？
　結論を言うと、**グラフの傾きが速さを表しています**。
　なぜそう言えるのか、「は・じ・きの公式」を使って考えてみましょう。

　まず、「は・じ・きの公式」（速さ×時間＝距離）を少し変形します。具体的には、左辺と右辺を"時間"で割ると、「速さ＝距離÷時間」という速さを求める式になります。
　ここで、グラフ上で車の移動距離はy軸方向の変化

の幅、移動時間は x 軸方向の変化の幅として表されているので、それを「速さ＝距離÷時間」の式に当てはめると、「速さ＝y の変化幅÷x の変化幅」とも書くことができるわけですが、これはすなわちグラフの傾きを表しています（グラフの傾き＝y の増加量÷x の増加量）。

　つまり、**横軸が時間、縦軸が距離のときは、グラフの傾きが速さを表している**のです。

　より数学らしく正確に表現してみましょう。変化の幅を表したいとき、数学では Δ（デルタ）という記号を使うのが慣例になっています。例えば、Δx（デルタエックス）と書くと x の変化幅を、Δy（デルタワイ）と書くと y の変化幅を表します。

　これは単なる取り決めですので、そういうものだと思っていただければと思います。

　なお、「Δx」で「x の変化幅」を表す１つの記号になっています。なので、"Δ と x" ではなく、"Δx" でひとまとまりとなっていることに注意が必要です。

　この便利な記号を使って、車が図表３－２のグラフ上の点①から点②へ到達するまでの移動時間を Δx、移動距離を Δy としましょう。

図表3-2　速度が一定の場合の「距離-時間」のグラフ②

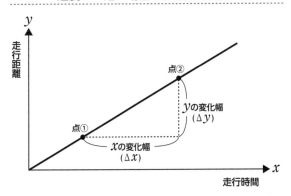

それをそのまま「速さ＝距離÷時間」に当てはめてみます。

すると、次のように表すことができます。

$$速さ＝距離÷時間＝\Delta y÷\Delta x＝\frac{\Delta y}{\Delta x}$$

これで、速さを数式で表すことができました。

なお、Δという見慣れない記号が出てきているので、少し難しく感じるかもしれませんね。

でもこれは、「は・じ・きの公式」（速さ＝距離÷時間）をΔという記号を使って書き直したものにすぎません。つまり、「は・じ・きの公式」そのものなので、何も難しいことはありません。

ここまでの話は、当たり前のことを形式ばって表現しているだけに思えたかもしれません。

　速度が一定のときは、わざわざΔなんて記号を持ち出さなくても、そのまま「は・じ・きの公式」を使えばいいだけだからです。

　しかし、「は・じ・きの公式」がそのまま使えるのは、速度が一定のときだけです。実際の車の運転では、ずっと一定速度で走り続けられるわけではありません。

　いくら北海道の一本道と言っても永遠に続くわけではないので、いつかは信号やカーブで速度を落とすときがくるでしょう。ましてや、町中の運転では信号、歩行者、カーブなどで運転手はしょっちゅうブレーキやアクセルを踏むことになり、ひっきりなしに速度は変わっていきます。

　つまり、「速度が常に変化する」というのがより現実的な状況設定であり、そのような状況でも使える考え方でないと、世の中に応用ができないのです。

　わざわざΔという記号を出してきたのは、「は・じ・きの公式」をそうやってΔを使った式に置き換えることで、より現実的な「速度が常に変化する」状況に当てはめやすくなるからです。

　ここで、数学者の「ズボラ発想」が活きていること
に注目してください。
「は・じ・きの公式」はとても簡単なかわりに、速度
が一定のときにしか使えないという制約があるわけで
す。逆に言えば、何かの工夫によって「は・じ・きの
公式」を“速度が変化する場合”にも使えるようにで
きれば、これほど素晴らしいことはありません。

　では、どうやって「は・じ・きの公式」を速度が変
化する場合にも当てはめていくのかを見ていきましょ
う。

　より現実的な状況、つまり速度が一定でない状況を
考えます。図表3−3は、速度が一定でない場合の
「距離-時間」のグラフの一例です。速度が一定でない
場合、先ほどと違ってグラフは曲線になります。
　なお、ここでは仮に、次第に速度を落としていく状
況を想定します。すると、グラフは図表3−3のよう
になだらかな右肩上がりになります。
　このグラフを使って説明していきますが、これから
の議論はグラフの形状によらず成り立ちます。

　グラフが曲がっているので、先ほどのやり方をその
まま使うことはできません。

図表3-3　速度が変化する場合の「距離-時間」のグラフ

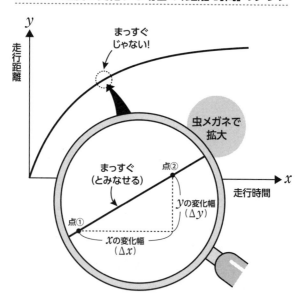

　図表3－1、3－2のようにグラフが直線のとき
は、「yの変化幅÷xの変化幅」で傾きを求めること
ができました。

　しかし、図表3－3のようにグラフが曲線のとき
は、xの値によってグラフの傾きが変わっていく（例
えば図表3－3では、xの値が大きくなるほどグラフの傾
きが緩やかになっている）ので、このやり方をそのま
ま当てはめることはできません。

　ここで、第1章で出てきた微分の考え方を思い出してください（29ページ）。「速さが変わる暇がないくらい短い時間」を考えれば、速さは一定とみなして話を進められるのでしたね。

　この考え方を図表3-3のグラフに応用します。具体的には、**Δxを非常に小さくする**ことを考えます。

　なぜならば、xはここでは時間を表しているので、時間の変化幅であるΔxを非常に小さくすることが、非常に短い時間を考えることに対応するからです。

　第1章の自転車の例題（26ページ）では、走行時間を10分ごとに区切りました。この場合、走行時間をxとして、その変化「$\Delta x = 10$分間」を考えたことになります。

　ただ、Δxがいつも10分間を表すというわけではなく、1分間や1秒間、あるいは0.1秒間や0.0001秒間などをΔxと表しても構いません。

　例えば、第1章の自転車の例（26ページ）では、"短い時間"として10分間を考えましたが、第2章の砲弾の"進む方向"の話（71ページ）では、0.01秒の間の動きを考えたりしましたね。

　このように、「非常に短い時間」を具体的にどれくらいの時間間隔にすると問題を考えやすいかは、状況によって変わってきます。

　そのため、Δxが具体的にどれくらいの幅を表すの

かは、その時々に扱っている問題に応じてその場で決めることができるようになっています。だからこそ、この Δ という記号はとても便利なのです。

　非常に小さな Δx を考えるということは、グラフの一部を虫メガネで拡大して見るようなものです。つまり、グラフの全体像ではなく、あえて小さな一部分のみを拡大して考えるのです（図表3－3）。
　すると、全体としては曲線のグラフでも、一部を拡大するとほぼ直線に見えます。

　グラフが直線とみなせるのであれば、状況は先ほどの速度一定の場合とまったく同じです。
　つまり、105ページの「速さ $= \frac{\Delta y}{\Delta x}$」という式で速度を求めることができます。
　ここでは、"グラフの一部を虫メガネで拡大する＝非常に短い時間だけを考える"という発想がブレイクスルーになりました。
　第1章の自転車の例題では、「速さが変化する場合でも、非常に短い時間を考えれば速さ一定とみなせる」という考え方をしたわけですが、それをグラフの言葉に読み替えると、

「曲線のグラフでも、非常に小さな Δx を考えればまっすぐなグラフとみなせる」

　となるわけです。それぞれの言葉は、以下のように
対応しています。

<table>
<tr><th>微分の発想</th><th>グラフの言葉</th></tr>
<tr><td>速さが変化する場合</td><td>曲線のグラフ</td></tr>
<tr><td>でも、</td><td>でも、</td></tr>
<tr><td>非常に短い時間</td><td>非常に小さなΔx</td></tr>
<tr><td>を考えれば</td><td>を考えれば</td></tr>
<tr><td>速さ一定</td><td>まっすぐなグラフ</td></tr>
<tr><td>とみなせる</td><td>とみなせる</td></tr>
</table>

　これで、微分の発想をグラフの言葉に置き換えること
ができたわけですが、まだ十分とは言えません。
　というのも、私たちが知りたいのは虫メガネで見た
グラフの一部ではなく、グラフ全体のことだからで
す。
　ここで求めた$\frac{\Delta y}{\Delta x}$という値（ただし$\Delta x$は非常に小さ
い）が、もとの曲線にとってどういう意味を持つのか
をはっきりさせる必要があります。

　とはいうものの、いきなり「"非常に小さいΔx"を
考えなさい」と言われても、なかなか想像がつきにく

いですね。

　そこで、微分積分では、よく次のように2ステップ
で考えます。

〈Δxの2ステップ思考法〉

ステップ1

　まずはΔxがある程度の幅を持っていると想像して
思考を進める

ステップ2

　問題の組み立てがすべて終わったあとで、最後にΔ
xを小さくする

　この2ステップの考え方は、微分（そして積分）の
思考を進めるときによく使うので、ぜひ覚えておいて
ください。

　まず、図表3－4のようにグラフ全体を視野に入れ
たまま、グラフ上の点①と点②を結ぶ直線を考えてみ
ます。

　点①と点②のx座標の差を$Δx$、y座標の差を$Δy$と
名付けます。

　直線は曲線と2ヶ所（点①と点②）で交わっていま
す。

図表3-4　曲線上の2点を結ぶ直線を考えてみる

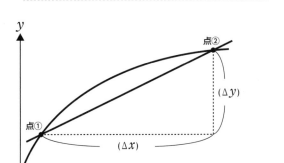

　分かりやすいように、Δx はあえて少し広めの幅で描いています（これをあとで小さくします）。

　ここでは、先ほど紹介した「Δx の２ステップ思考法」を使っています。つまり、思考を進めやすくするために、まずは Δx がある程度の幅を持っていると想像して話を進めます（「Δx の２ステップ思考法」のステップ１に相当）。

　ここで、点②を点①に近づけていくことを考えます。点①と点②の x 座標の差を Δx と名付けているわけですから、点②を点①に近づけていくことは、Δx を小さくしていくことに相当します（「Δx の２ステップ思考法」のステップ２に相当）。

**図表3-5　曲線上の2点を結ぶ直線は、
2点を限りなく近づけると接線になる**

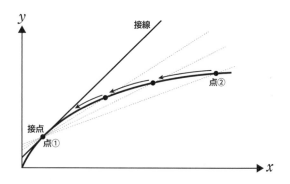

　すると、点①と点②を結ぶ直線の傾きも変わってい
きます。そして、点①と点②が極限まで近づいたと
き、すなわち Δx が非常に小さくなったときの直線
（図表3−5中の太線）は、曲線とは交わらず、曲線に
接していることが分かります。

　第2章でも出てきましたが、曲線と交わらず、単に
接しているだけの直線のことを**接線**と呼ぶのでした
ね。また、接線が曲線と接している点のことを接点と
呼ぶのでした。
　つまり、**小さな Δx を考えるということは、グラフ
の接線を求めていることを意味するのだということ
が、これで分かったわけです。**

　先ほど、曲線は虫メガネで拡大して見れば直線と区別がつかないという話をしましたが、より具体的に言えば、その直線とは接線のことだったのです。

　第2章でも説明しましたが、接点の周辺を虫メガネで拡大して見ると、曲線は接線とほぼ重なって見えます（73〜74ページ）。なぜならば、接点における曲線の傾きは接線の傾きに等しいからです。

　どんなに曲がりくねった曲線も、非常に小さな Δx を考えれば、接線という名の直線に置き換えて考えることができるようになります。これは、大変便利な考え方です。

　曲線は形も複雑で扱いづらいですが、ただの直線であれば計算も簡単になるからです。

　このように、接線を考えるときは、Δx や Δy を限界まで小さくしていくという発想を使います。

　ただし、微分積分の議論や計算をするときに、毎回「Δx や Δy を極限まで小さくしていった場合を考えると……」という説明をするのは大変ですよね。やることはいつも同じなので、もう少し楽がしたいものです。

　そこで、極限まで小さくした Δx のことを特別に「dx」（ディーエックス）と書くように取り決めていま

す。

　同じように、Δx を極限まで小さくしたときの y の
変化幅（Δy）のことを特別に「dy」（ディーワイ）と
書きます。ちなみに d は、英単語の「differential（差
分）」の頭文字です。

dx：「極限まで小さくした Δx」という意味

dy：x が dx だけ増加したときの y の増加幅

　この記号を使うと、微分を数式で表すことができま
す。具体的には、$\frac{dy}{dx}$ と書くと、「y を x で微分する」
という意味になります。

　なぜかというと、まず dx は、少し前に説明したと
おり、x の非常に小さな変化を意味しています。そし
て dy は、x が dx だけ増加したときの y の増加幅を表
しています。つまり、y の増加幅 ÷ x の増加幅という
形になっているので、$\frac{dy}{dx}$ はグラフの傾きを意味して
います。

　ただし、dx は非常に小さな変化なので、グラフを
拡大表示した場合の傾きに対応します。これは先ほど
説明したように、グラフの接線の傾きのことです。第
2章（77ページ）で見たように、微分とはグラフの接
線の傾きを求める計算でしたね。

　ですので、$\frac{dy}{dx}$ が微分の計算そのものを意味してい
るのです。

　話がかなり長くなってしまったので、ここで微分の考え方を整理しましょう。

　まず、微分は「ある瞬間（＝非常に短い時間）の変化を捉えること」です。それは、グラフに置き換えて考えると「接線を求めること」でした。

　さらに本章では、それは数式で表すと、$\frac{dy}{dx}$ となることを見てきました。つまり、「$\frac{dy}{dx}$」という操作を通じて、ある瞬間の変化を捉えることが微分です。

　次のように言うと、微分のすごさが伝わるでしょうか。

**　世の中のどんな瞬間の変化も、微分の数式 $\frac{dy}{dx}$ で表すことができる。**

　この考え方の威力はすさまじく、色々な場面で微分が使われていくことになりました。

　例えば、第2章（71ページ）では砲弾の進む方向を微分で求める話をしました。これで実際に「砲弾の飛んでいく方向はどうなるかを知りたい」という世の中のニーズに答えられるようになったわけです。

　これ以外にも、第4章では実際にどのように世の中の微小な変化を、この微分の数式を使って解いているかを紹介しているので、見てみてください。ここまで読んだあなたなら、そのすごさが実感できるはずで

す。

　そして、先ほど説明したように、接線は微分によって計算することができます。

「微分とはグラフの接線を求める計算のこと」だと第2章（77ページ）で話しましたが、第3章のここまでの話を通して、そのことがより深くお分かりいただけたのではないかと思います。

まとめ

> **Ｑ** 微分の数式とは、どんなものですか？
>
> **Ａ** 微分を数式で表すと、$\frac{dy}{dx}$ となる。この数式によって、**世の中のどんな瞬間の変化も表すことができる。**

積分とは
「グラフの面積を求める」こと

　次は積分にいってみましょう。今までも触れてきたように、積分とは「グラフの面積を求める」ことです。それが数式を使うと、とても簡単で便利に表せるので、これから紹介していきたいと思います。

　さっそく本題の積分の話に入りたいところですが、積分を深く理解するために役に立つ前提知識があるので、まずはそこから入っていきたいと思います。
　それは「関数」という考え方です。

図表3-6　「?」はどんな関係か

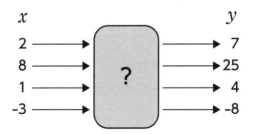

　関数とは、変数（xやyなど）同士の関係性のことです。例えば、図表3－6のように、xとyを結びつ

ける関係性「？」があるとします。

さて、関係性「？」は、どのようなものでしょうか？

少し難しいですが、答えは、x を 3 倍して 1 を足すと y になります。つまり、「$y = 3x + 1$」という関係であることが分かります。

このように、変数同士を結び付ける関係性のことを関数と呼びます。

変数同士の関係性なので「関数」と呼ぶのだと覚えれば分かりやすいと思います。

この場合は、$y = \cdots\cdots$ という形で、y を x の式として表しています。数学では、「y を x の関数として表すと $y = 3x + 1$ となる」という言い方をします。

この関数ですが、y はいつも $3x + 1$ になるわけではなくて、状況によってさまざまに変わります。

そこで、関数のことを一般的な表現として「$y = f(x)$」のように書く慣習があります。関数は英語で「function」と書くので、$f(x)$ は、「x の関数（function）」を表す記号です。

例えば、$y = x$ の場合、$f(x) = x$ と置けば表すことができます。あるいは、もう少し複雑な $y = x^2 + x + 1$ のような場合にも、$f(x) = x^2 + x + 1$ として表せます。

　つまり、右辺が状況によって変わってくるために、一般的に $f(x)$ と書いておくわけです。

　このような書き方をしておけば、色々な状況に当てはまる柔軟な議論をすることができます。

> **まとめ**
>
> **Q** 関数とは、何ですか？
>
> **A** 関数とは「変数同士の関係性」のことで、一般的に $f(x)$ と書く。

積分は
どういう数式で表すか

　ここまでで下準備ができたので、いよいよ積分を数式で表すステップに入っていきます。

　結論から先に書くと、積分を数式で書くときは、「∫」（インテグラル）という記号を使って次のように表します。∫は、積分記号とも呼ばれます。ややこしい数式に見えますが、1つひとつ丁寧に解説していきますので、ご安心ください。

図表3-7　積分を数式で表したもの

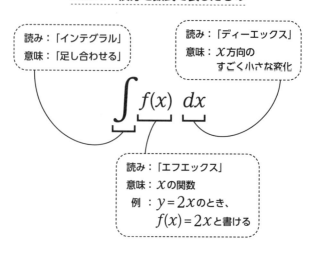

読み：「インテグラル」
意味：「足し合わせる」

読み：「ディーエックス」
意味：x方向の
　　　すごく小さな変化

読み：「エフエックス」
意味：xの関数
　例：$y=2x$のとき、
　　　$f(x)=2x$と書ける

$$\int f(x)\, dx$$

　この積分の数式は見るからに難しそうですが、実は、表している意味はとてもシンプルで直感的です。

　第1章で学んだように、積分は「細長い長方形でグラフを埋め尽くすことで面積を求める」計算のことでしたね。思い出していただくために、第1章の図表1－6（34ページ）をこちらに再掲します。

図表1-6　10分ごとに区切って移動距離を計算する

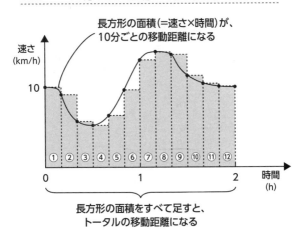

長方形の面積（＝速さ×時間）が、
10分ごとの移動距離になる

長方形の面積をすべて足すと、
トータルの移動距離になる

　しかし、積分の計算を行うときに、このようなグラフや長方形の図を毎回描いていたのでは大変です。

　私などは絵心がないので、そもそもこうした図を1枚描くだけでもかなりの時間と精神力を使ってしまいます。図を描かなくても、このような図と同じ意味を

記号で表せたら楽ができますね。

　積分の数式は、まさにこのようなニーズから生み出されたものです。微分積分の計算を毎日のようにやっている数学者にとっては、こうやって数式化することで絵を描きまくる必要がなくなり、すごく楽ができるわけです。

図表3-8　積分のイメージ

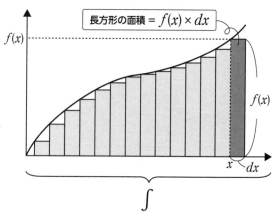

長方形の面積 $= f(x) \times dx$

読み：インテグラル
意味：（長方形の面積を）足し合わせる

　積分の数式は、「細長い長方形でグラフを埋め尽くすことで面積を求める」という積分のプロセスをそのまま記号に置き換えたものです。

　具体的にどう対応しているのかを図表3−8に整理

しました。この図に合わせて、積分の数式に出てくる記号の説明をしたいと思います。

まず dx ですが、これは、先ほどもでてきましたが「極限まで小さくした Δx」を表す記号です。

Δx（デルタエックス）は x の変化幅のことでしたが、それを極限まで小さく、細くしたものという意味です。

つまり、dx は x 方向の非常に小さな変化を表しています。

dx：「極限まで小さくした Δx」という意味

積分の数式の「$f(x)dx$」という部分は掛け算を表していて、より丁寧に書くと「$f(x) \times dx$」となります。

実はこの部分は、長方形の面積を表しているのです。図表3-8を見ていただくと、右端の濃い色の長方形は、縦の長さが $f(x)$、横の長さが dx ですね。ですので、その面積は「$f(x)$（縦の長さ）× dx（横の長さ）」になります。

数学の世界では、掛け算の記号「×」は省略してもよいことになっています。ですので、積分の数式では「×」は省略することが多いです。

そのため、長方形の面積は「$f(x)dx$」と書くことができます。

次に、一番前に付いている「∫」ですが、これは「足し合わせる」という意味の記号で「インテグラル（integral）」と読みます。

　integral は「全体」という意味を持つ英単語ですが、ここでは長方形の面積を足し合わせて全体の面積を出すという意味が込められています。そして「∫」という記号の由来ですが、もともとは、ラテン語の「summa（総和）」の頭文字 s を引き延ばしたものだと言われています。つまり「$\int f(x)dx$」と書くと、「（グラフを埋め尽くす）長方形の面積（$=f(x)dx$）を足し合わせる」という意味になります。これはまさに、積分の計算プロセスそのものを表しています。

　これで、積分を数式で表す方法がひととおり分かりました。

　第1章では、積分は、微分の考え方を当てはめて小さな変化に分けて計算した結果を「積み重ねて元に戻す」操作であることを学びました。

　また、積み重ねて元に戻す操作は、「問題をグラフで表し、そのグラフを細長い長方形で埋め尽くすことで面積を求める」という手順に落とし込むことができます。

　ここまでの積分の話を整理すると、「グラフを細長い長方形で埋め尽くして面積を求める」プロセスをそ

のまま記号で置き換えると積分の数式（122ページ）に
なるということです。

　積分の威力は、次のような言葉で表すことができま
す。

**　世の中のどんな変化についても、それを積み重ねた
先の将来の結果は積分の数式 $\int f(x)dx$ で表すことが
できる。**

　ここまでの内容で、「微分や積分を数式で表す」とい
う本章の目的は達成されました。

　しかし中には、せっかく数式で表す方法を知ったの
だから、具体的な計算も少しやってみたいという方も
いらっしゃるかもしれません。

　そこで、具体的な計算の例を以下で詳しく説明して
おこうと思います。本章のこれ以降はより詳しく知り
たい人向けなので、ご興味のある方だけ読んでいただ
ければと思います。

> **まとめ**
>
> **Q** 積分の数式とは、どんなものですか？
> **A** 積分を数式で表すと、$\int f(x)dx$ となる。この数
> 式によって、世の中のどんな変化についても、
> **それを積み重ねた将来の結果を表すことができ
> る。**

微分の計算の
具体例

　ここからは、本章で学んだ微分や積分の数式を使っ
て実際の計算をやってみます。

　ただし、計算が少しややこしいところがあるので、
途中計算は読み飛ばして計算結果だけ確認するという
ような読み方でも構いません。

　まず微分の計算の具体例として、中学や高校の教科
書などでよく見かける $y = x^2$ という関数の微分をして
みます。

　その前に、本章で今まで学んだことを整理しましょ
う。

― 復　習 ―

〈本章で出てきた記号〉
Δx : x の変化幅
Δy : x が Δx だけ増加したときの y の増加幅

dx :「極限まで小さくした Δx」という意味
dy : x が dx だけ増加したときの y の増加幅

　上の記号を使うと、微分の計算は $\dfrac{\Delta y}{\Delta x}$（または

$\frac{dy}{dx}$) と書ける。

Δx について考えるときは、次の「Δx の2ステップ思考法」を使う。

〈Δx の2ステップ思考法〉

ステップ1

まずは Δx がある程度の幅を持っていると想像して思考を進める。

ステップ2

問題の組み立てがすべて終わったあとで、最後に Δx を小さくする（注：つまりステップ2では、Δx を小さくして dx にする）。

復習ができたところで、具体的に $y = x^2$ の微分、すなわち $\frac{\Delta y}{\Delta x}$ を計算してみましょう。

まずは、Δx が非常に小さいということはいったん忘れて、Δx がある程度の幅を持っていると思って考えていきます。これは、「Δx の2ステップ思考法」のステップ1に相当します（Δx を小さくするのはあとで行います）。

まずは、Δy から考えます。Δy は、「y の変化幅」でしたね。これは、「x が Δx だけ増加したときの y の増加幅」とも言い換えられます。ここでは、$y = x^2$ な

ので、Δy は $(x + \Delta x)^2$ と x^2 の差になります。

つまり、$\Delta y = (x + \Delta x)^2 - x^2$ なので、$\frac{\Delta y}{\Delta x}$ は次のように書くことができます。

$$\frac{\Delta y}{\Delta x} = \frac{(x + \Delta x)^2 - x^2}{\Delta x}$$

分子がやや複雑ですが、少し計算すると簡単な式になります。計算を進めましょう。

$$\frac{\Delta y}{\Delta x} = \frac{x^2 + 2x \cdot \Delta x + (\Delta x)^2 - x^2}{\Delta x} \quad \leftarrow (x + \Delta x)^2 \text{の部分を展開した}$$

$$= \frac{2x \cdot \Delta x + (\Delta x)^2}{\Delta x} \quad \leftarrow x^2 \text{が引き算で消えた}$$

$$= 2x + \Delta x \quad \leftarrow \Delta x \text{の割り算を実行した}$$

ここまでくれば、ほとんど計算は完了です。

仕上げとして、変化幅 Δx を小さくしていきましょう。これは、「Δx の2ステップ思考法」のステップ2に相当します。

Δx を極限まで小さくしたものを dx と書くのでした。同様に、Δx を極限まで小さくしたときの y の増加幅（Δy）を dy と書きます。

　Δx を小さくしていくと、やがて$2x$と比べて無視できるほど小さくなります。

　例えば、$x = 1$，2，3，……のときの$2x$の値は2，4，6，……ですが、Δx が非常に小さな値、例えば$\Delta x = 0.000000001$だとすれば、2，4，6，……といった数字に比べて0.000000001は無視して構わないほど小さいですね。だから、無視してしまいます。結果として、

$$\frac{dy}{dx} = 2x$$

となります。Δx と Δy を極限まで小さくしたことを示すために、文字を dx と dy に置き換えています。

　これで微分の計算はおしまいです。以上で、x^2の微分は$2x$であることが求まりました。

　このように微分の結果を表す関数（この場合は$2x$）のことを「導<ruby>関数<rt>どうかんすう</rt></ruby>」と呼びます。微分によって導き出された関数という意味です。

　なお、Δx を小さくしていった際、右辺の Δx は非常に小さくしたからという理由で無視したのに、左辺の Δy と Δx は無視せずに dy と dx に置き換えてそのまま残しました。

　これはどうしてなのか疑問に思われるかもしれませ

んが、左辺は $\frac{\Delta y}{\Delta x}$ という "小さい数を小さい数で割った比" になっているため、それが無視できるほど小さい値になるかどうかは分かりません。そのため、こちらは無視することはできません。

　小さいから無視するという発想は、ややいい加減に映るかもしれません。実際、17世紀にニュートンとライプニッツが微分積分の計算方法を体系化した当初、微分積分はまだ正統な数学としての地位を確立できていませんでした。

　その証拠に、ニュートンが歴史的名著『プリンキピア』の中で物理学の法則を証明したときも、自分が発明した微分積分の計算方法ではなく、幾何学（図形を数学的に研究する分野）の計算方法を主に使っています。

　当時は、幾何学が権威ある数学だとみなされていた一方で、微分積分は誕生したばかりでまだ市民権を得ていなかったため、使うのは控えたのだと考えられます。

　このように、微分積分は、その「いいかげんさ」ゆえに受け入れられるまでには時間がかかったわけですが、現代では数学的に厳密な議論による裏付けがなされ、その有用性は誰もが認めるところとなっています。

まとめ

Ｑ 微分はどのように計算するの？

Ａ $\frac{\Delta y}{\Delta x}$ を計算したあとで Δx を小さくする。例え

ば、$y = x^2$ のとき、$\frac{\Delta y}{\Delta x}$ を計算すると、$\frac{\Delta y}{\Delta x} = 2x$

$+ \Delta x$ となる。次に、Δx を非常に小さくする

ことで無視してしまい、$\frac{dy}{dx} = 2x$ とする。

このような微分の結果を表す関数を、**導関数**と

呼ぶ（微分によって導き出された関数という意

味）。

積分の計算の具体例

次は積分です。具体例として、$y=2x$ の場合（つまり $f(x)=2x$ の場合）を考えてみましょう。

復習ですが、積分は数式で $\int f(x)dx$ と書けるのでしたね（122ページ）。これを、今回の $y=2x$ の場合に当てはめていきましょう。

$\int f(x)dx$ の $f(x)$ の部分に $2x$ を入れると $\int 2xdx$ となりますが、これは「関数 $y=2x$ のグラフの面積を求めよ」という意味になります。

図表3-9　関数 $y=2x$ のグラフの面積

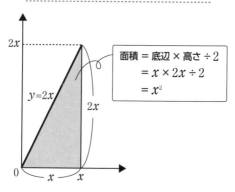

面積 = 底辺 × 高さ ÷ 2
= $x \times 2x \div 2$
= x^2

さて、実際に積分の結果がどうなるかを見ていきま

しょう。本当は、積分は「細長い長方形でグラフを埋め尽くすことで面積を求める」計算ですが、今回についてはもっと簡単な求め方ができます。

図表3－9のとおり、求めたい面積は図の色のついた部分で、三角形になっています。そのため、三角形の面積の公式「底辺×高さ÷2」を使えば計算できます。この場合、底辺 = x、高さ = $2x$ なので、面積は、以下の通りになります。

三角形の面積＝底辺×高さ÷2＝x ×2x ÷2＝x^2

三角形の面積の公式を使えば求められるのに、わざわざ「$\int 2x dx$」と書くのはかえってめんどくさいと思われるかもしれませんが、今回は単純な例だったため、たまたま面積の公式が使えたにすぎません。通常は、グラフの形がもっと複雑で公式が使えないケースがほとんどです。

一方、長方形で埋め尽くす方法は色々な形のグラフに当てはめることができるので、汎用性が圧倒的に高いのです。ですから、あえて一般的な $\int f(x) dx$ という書き方をしました。

ここまでの話をまとめると、$y = 2x$ のグラフの面積は x^2 になることが分かりました。

ただし、話はこれで終わりではありません。という

のも、xのどの範囲の面積を求めたいのかという点をまだ明確にしていないからです。

図表3−9では、説明を分かりやすくするために横軸が0〜xの区間の面積を色をつけて表していますが、誰しもがこの区間の面積を求めたいというわけではないでしょう。

状況によっては、$x = 1$から$x = 10$までの区間の面積を求めたい場合もあれば、$x = 2$から$x = 5$までの面積を求めたい場合もあると思います。もちろん、その他の区間の面積を求めたい場合もあり得ます。

このように、面積を求めたい区間、すなわち積分を行いたい区間のことを**積分区間**（せきぶんくかん）と呼び、このような積分を**定積分**（ていせきぶん）と呼びます。区間を定めた積分という意味です。

積分区間はその時々によって変わってきます。

そのため積分においては、ひとたび積分区間を決めたときに、その区間の面積をどう求めるのかの手順をはっきりさせる必要があります。

そこで、積分区間を決めたあとにどうやって面積を求めたらよいのかを見ていきましょう。

例えば、$y = 2x$のグラフの面積を、$x = 3$から$x = 8$までの区間で求めたいとしましょう。

この積分区間の面積は、横軸が0〜8の区間におけ

る面積から、横軸が0～3の区間における面積を引けば求めることができるはずです。

　図表3−9にあるように、横軸が0～xの区間における面積はx^2となるので、横軸が0～8の区間の面積は64になります（$8^2 = 64$）。

　また、横軸が0～3の区間の面積は9になります（$3^2 = 9$）。

　つまり、$x = 3$から$x = 8$までの区間の面積は、64から9を引いて55になります。

　計算としてはこれで終わりなのですが、「積分区間を3から8までとする」といった説明を毎回書くのは大変です。そこで数式を使って簡単に表現する方法が決まっていますので、ここで使ってみたいと思います。

　まず、積分区間を明示するために、∫（インテグラル）の右下に積分区間のスタート地点を、右上に積分区間の終わりの地点を書きます。

　つまり、積分区間のスタート地点を$x = a$、終わりの地点を$x = b$とすると、$\int_a^b$のように書くということですね。

　また、積分では、関数$f(x)$を積分して出てきた関数を大文字のFを使って$F(x)$と表すのが慣習となっています。

例えば、$f(x) = 2x$ を積分して出てきた関数は $F(x)$
$= x^2$ です。この記号を使って先ほどの計算で書いてみ
ると、$F(8) = 8^2 = 64$、$F(3) = 3^2 = 9$ であることから
$F(8) - F(3) = 55$ として面積を求めたことになります。

　ただし、毎回こういうことを書いていると大変なの
で、数式をより簡潔にするために、"$F(x)$ に $x = a$ と
$x = b$ を代入して引き算せよ"という意味を持つ記号
$[F(x)]_a^b$ を使うことになっています。つまり、$[F(x)]_a^b =$
$F(b) - F(a)$ と定義します。

　一見すると難しい感じがしますが、要はこういうふ
うな記号を使いますよというただの約束です。この記
号を使うと、計算式は次のようになります。

**〈$y = 2x$ のグラフの $x = 3$ から $x = 8$ までの面積を求め
る計算〉**

$$\int_3^8 2x\,dx = [x^2]_3^8 = 8^2 - 3^2 = 64 - 9 = 55$$

　今まで5ページくらい使って、積分の具体的な計算
例を長々と説明してきたわけですが、このように数式
としては1行で完結します。いくつかの記号を定義し
ておけば、こうした長々とした思考もたった1行にま
とめられるということです。独特な記号をあえて考え
るメリットはここにあります。

まとめ

Q 積分はどのように計算するの？

A 例えば、$y = 2x$ のグラフについて、$x = 3$ から $x = 8$ の範囲で積分を行いたい場合、その一連の思考プロセスを、記号を使って書くと、

$$\int_3^8 2x\,dx = [x^2]_3^8 = 8^2 - 3^2 = 55$$

となり、たった1行ですべて表せる。

積分を行いたい区間のことを**積分区間**と呼び、このような積分のことを**定積分**と呼ぶ。

微分と積分は
互いに逆向きの計算

　ここまでで、積分はグラフの面積を求めること、微分は接線の傾きを求めることだということが分かりました。

　一見すると、微分と積分はまったく別のことをやっているように見えますが、実は表裏一体です。

　というのも、微分と積分は互いに逆向きの計算であると考えることができるからです。

　例えば、本章で行った積分の計算では、$2x$ を積分すると x^2 になることが分かりました。

　また、微分の計算では、x^2 を微分すると $2x$ になることが分かりました。

　これらは次の図表3－10のように、微分と積分がお互いに逆向きの計算になっていることを示す一例です。

図表3-10　微分と積分は逆向きの計算

　微分と積分が互いに逆向きの計算であることは**「微積分学の基本定理」**と呼ばれ、微分と積分を結びつける非常に重要な定理です。

　微分と積分が互いに逆向きの計算であるということを知っておくと、実際の計算を行う上で非常に役立ちます。

　というのも、微分と積分を両方やる必要がなくなるからです。

　例えば、$2x$ の積分が x^2 であることを求めてしまえば、「微積分学の基本定理」より x^2 の微分は計算するまでもなく $2x$ であることが分かります。

　積分と微分のどちらかだけ計算すれば、反対も成り立つことが自動的に保証されるのです。

まとめ

Ｑ 微分と積分はどんな関係なの？

Ａ 微分と積分は、**お互いに逆向きの計算になっている。**これは「微積分学の基本定理」と呼ばれ、どちらかを計算すれば、その逆も成り立つことが保証されるため、非常に役立つ。

Q なぜ最小限に絞った形で数式や記号を学ぶ必要があるの？

A 一見分かりにくい数式や記号は、むしろ**「どんな事例にも適用できる汎用性を持っている」**から。

Q 微分の数式とは、どんなものですか？

A 微分を数式で表すと、$\frac{dy}{dx}$ となる。この数式によって、世の中の**どんな瞬間の変化も表すことができる。**

Q 関数とは、何ですか？

A 関数とは**「変数同士の関係性」**のことで、一般的に $f(x)$ と書く。

Q 積分の数式とは、どんなものですか？

A 積分を数式で表すと、$\int f(x)dx$ となる。この数式によって、世の中のどんな変化についても、**それを積み重ねた将来の結果を表すことができる。**

Q 微分はどのように計算するの？

A $\frac{\Delta y}{\Delta x}$ を計算したあとで Δx を小さくする。例えば、$y = x^2$ のとき、$\frac{\Delta y}{\Delta x}$ を計算すると、$\frac{\Delta y}{\Delta x} = 2x + \Delta x$ となる。次に、Δx を非常に小さくすることで無視してしまい、$\frac{dy}{dx} = 2x$ とする。

このような微分の結果を表す関数を、**導関数**と呼ぶ（微分によって導き出された関数という意味）。

Q 積分はどのように計算するの？

A 例えば、$y = 2x$ のグラフについて、$x = 3$ から $x = 8$ の範囲で積分を行いたい場合、その一連の思考プロセスを、記号を使って書くと、

$$\int_3^8 2x\,dx = [x^2]_3^8 = 8^2 - 3^2 = 55$$

となり、たった1行ですべて表せる。

積分を行いたい区間のことを**積分区間**と呼び、このような積分のことを**定積分**と呼ぶ。

Q 微分と積分はどんな関係なの？

A 微分と積分は、**お互いに逆向きの計算**になっている。これは「微積分学の基本定理」と呼ばれ、どちらかを計算すれば、その逆も成り立つことが保証されるため、非常に役立つ。

第 **4** 章

微分積分が生んだ現代社会を支える発明・技術

現代社会は
微分積分でできている

　微分と積分の考え方について一通り説明が終わりましたので、最後はいよいよ、微分積分がいかに世の中を変えているかという話をしていきたいと思います。

　学生時代に微分積分を授業で習った方は、「これが世の中で何の役に立つんだ？」と思いながら授業を聞いていたかもしれません。

　実は、微分積分は、これでもかというほど世の中の役に立っていて、現代社会に欠かせないものなのです。

　第1章で紹介したように、微分積分は未来予測に使えるという大きな強みがあります。

　微分積分が登場する前は、予測というと人間の勘や経験に頼るしかありませんでした。例えば、家族の中ではおじいさんやおばあさん、村でいえば長老のような経験豊富な年配者が長年の経験をもとに、「夕焼けがいつにもまして美しいから明日は晴れじゃろう」などと天候を予測していたわけです。

　しかし、現代では天気予報をスマホでいつでも見ることができ、明日どころか1週間後の天気も見ることができます。

　このように現代社会が現代社会たりえるのは、あい
まいな人間の勘や経験に頼らず、データや数学を駆使
した予測をもとに行動計画が立てられる技術が普及し
ているからです。
　そういった高度な「未来予測」を支えているのが微
分積分です。微分積分が存在しなければ、私たちは今
でも、町で一番の年長者の家に集まって明日の天気を
占ってもらっていたことでしょう。

　具体的にどうやって微分積分を未来予測に使ってい
るかはこれから紹介しますが、まず第1章の話を思い
出していただくため、イメージ図を改めて載せておき
ます。

図表1-1　微分積分による未来予測の枠組み

このイメージ図を頭に入れた状態であとの話を読む

と、今までの各章の話が頭の中で1本につながりやすくなると思います。

まとめ

Ⓠ現代社会と微分積分の関係はどんなもの？
Ⓐ現代社会はデータや数学を駆使した高度な未来予測によって支えられているが、**その未来予測を支えているのが微分積分の思考法である。**

事例①
天気を予測する

　現代の私たちは、いつも天気予報を見ながら行動しています。天気予報は百発百中で天気を当てられるわけではありませんが、かなり高い精度で明日や1週間後の天気が予測できるというのはすごいことです。

　晴れ／くもり／雨の予測だけでなく、明日の気温や湿度の変化まで1時間単位で予測され、スマホのアプリなどで最新の予測をいつでも確認することができます。

　天気予報は、実はものすごく高度なことをやっています。というのも、日本のある地域でいつ雨がふるか、気温が何度になるかといったことは、世界中のあらゆる地点における大気、海、陸地の状況が関係してくるからです。

「バタフライ効果」という言葉をご存じでしょうか？蝶が羽ばたくと地球の裏側で竜巻が起こるという話です。蝶の羽ばたきで生じるわずかな気流の変化にさえ大きな影響を受けるほど、気候はデリケートであり予測が難しいことを表す言葉です。

　こうした天気の予測には、微分積分が使われていま

す。微分積分では、複雑な物事は細かく切り分けて考えやすくする（→微分の発想）のでしたね。

　天気予報でも、まずは地球の大気を図表4－1のように格子状に区切ります。そして、1つひとつの格子について気圧、気温、湿度などがどうなるかを計算しています。

図表4-1　天気予報と微分積分

天気予報では、大気を格子状に区切って微分積分の計算を当てはめる

出所：気象庁「数値予報とは」

　そして最後にその結果を足し合わせて（→積分の発想）、全体の結果、すなわち天気を予測しているのです。

まとめ

Q 天気予報と微分積分の関係とは？
A 地球の大気を格子状に細かく切り分け（＝微分の発想）、それぞれについて気温や湿度などを計算し、その結果を足し合わせて（＝積分の発想）、天気を予測している。

将来の人口の変化を予測する

　微分積分では、足元の小さな変化を微分の発想によって捉え、その後に積分によって変化を積み重ねた先の結果（＝未来像）を割り出すという基本の思考スタイルがあります。

　もちろん、今までの各章で見てきたように、微分と積分は別々に使っても大いに役立つのですが、組み合わせて使ったときに最も本来の力が発揮されます。

　こうした発想をもとに未来の大問題を予見した人がいます。18～19世紀のイギリスの経済学者トマス・ロバート・マルサスは、1798年に出版した『人口論』という著書の中で、人口が爆発的に増えて食糧難がやってくるという警告を発しました。

　彼の主張を簡単にまとめると、次のようなものになります。

　ある年の人口増加は、その年に生まれる子どもの人数から、亡くなる方の人数を引いたものになります。

　そして、ある年に生まれる子どもの人数は、「出生率×その年の人口」と考えることができます（以降、「その年の人口」とは、その年の年初における人口を指す

ものとします）。

　一方、その年に亡くなる方の人数は、「死亡率×その年の人口」で表されます。

　マルサスはこのように考えて、以下の仮説を立てました。

〈人口増加の式（マルサスの仮説）〉
その年の人口増加＝出生率×その年の人口
　　　　　　　　　－死亡率×その年の人口
　　　　　　　　＝（出生率－死亡率）×その年の人口

　この式を見ると、人口の増加幅は、その年の人口を「出生率－死亡率」倍したものになっていますね。

　つまり、マルサスの仮説を一言で表せば、「人口の増加幅は人口に比例する」ということです。この仮説のもとでは、出生率が死亡率を上回っている限り、人口は倍々ゲームで増えていきます。

　なぜそうなるのか、少し計算してみましょう（細かい計算に興味のない方は、読み飛ばしていただいて構いません）。

　今年の人口は国勢調査などで分かっているものとして、将来の人口を推計したいとします。

　まず、マルサスの仮説を使って、今年の人口増加の式を作ります。

今年の人口増加＝（出生率－死亡率）×今年の人口

　この関係式を使って、翌年の人口を計算してみましょう。

翌年の人口＝今年の人口＋今年の人口増加
　　　　　＝今年の人口
　　　　　　＋（出生率－死亡率）×今年の人口
　　　　　＝{ 1 ＋（出生率－死亡率）}今年の人口

　最後に出てきた式を見ると、翌年の人口は、今年の人口を「1 ＋（出生率－死亡率）」倍したものであることが分かります。

　つまり、出生率が死亡率より大きい限り、翌年の人口は今年の「1 ＋（出生率－死亡率）」倍、翌々年は、さらにその「1 ＋（出生率－死亡率）」倍という形で、人口が倍々ゲームで急速に増えていくのです。

　ここでマルサスは、人口が倍々ゲームで増えていったとしても、食料を倍々ゲームで増産することは技術的にできないので、やがて1人ひとりに十分な食料が行きわたらなくなり、深刻な食糧不足に陥るだろうと指摘しました。

　つまり、現代社会が抱える人口爆発と食糧不足の問

題を、18世紀の時点で予見していたのです。

　この話は一見すると微分積分と関係ないように思え
るかもしれませんが、微分の発想である「足元の小さ
な変化を考える（このケースでは今年の人口増加）」こ
とと、積分の発想である「変化を積み重ねた結果を割
り出す（このケースでは将来の人口爆発）」という両方
が見事に組み合わさっています。
　実際に、マルサスの考察は現代では微分積分を使っ
た数式で表されていて、「マルサスモデル」として知
られています。
　参考までに、マルサスの考え方を微分積分の記号を
使って書くと次のようになります。

〈マルサスモデル〉
$$\frac{\Delta 人口}{\Delta 時間}＝（出生率－死亡率）×人口$$

　微分の記号を使って書くと、少しすっきりした数式
になりましたね。
　このように、左辺と右辺が＝で結ばれた数式のこと
を**方程式**といい、特に微分を使って書かれた方程式の
ことを**「微分方程式」**と呼びます。

　式の意味を説明しますと、前にも出てきましたがΔ
は変化の幅を表すので、「Δ人口」は「人口の変化

（増加）」を意味します。同じように、「Δ時間」は時間の変化、すなわち時間の経過を表します。

つまり、マルサスモデルの左辺である「Δ人口／Δ時間」は、一定の時間あたりに人口がどれだけ増えるかの増加率を表しています。

マルサスのオリジナルの考え方では今年と来年を比較していたので、1年の時間経過を考えていたことになります。つまりは"Δ時間＝1年間"の場合を考えていたわけです。

ただし、1年という間隔に特別な意味があるわけではなく、たまたま人口統計が1年ごとだからそうしたにすぎません。

ですので、より一般的に"Δ時間"と表した方が柔軟な数式になります。

マルサスモデルの右辺である「（出生率−死亡率）×人口」ですが、こちらは分かりやすいですね。そのときの人口に（出生率−死亡率）を掛けた分だけ人口が増えるということです。

このマルサスモデルは、人口に限らず、人間以外の生物の個体数の変化を研究する際に幅広く応用されています。また、マルサスモデルの進化版の数式が開発されるなどして、後の研究にも大きな刺激を与えまし

た。

まとめ

Q 人口予測と微分積分の関係とは？

A 18世紀に経済学者マルサスが唱えた人口増加の仮説は、人口爆発と食糧不足の問題を予見したものだった。現在では微分積分を使った数式を用いた「マルサスモデル」として知られている。

事例③
放射性物質がいつ安全になるかを予測する

　2011年の東日本大震災をきっかけとした福島第一原発事故は世界的にも大きなニュースになりました。その爪痕は今でも残っていて、最近でも事故を起こした原発の処理水を海に放出するという決定に対してさまざまな議論が交わされています。

　大震災の当時、私は丸の内にあるメガバンクの東京本社で働いていましたが、ビルが倒れるのではないかと思うほどの激しい揺れを経験し、そのあとは食い入るようにニュースを見続けていました。

　当時のニュースによると、事故が起きた当初は放射性物質の一種である「ヨウ素131」による汚染が大々的に報道されましたが、次第に「セシウム137」などの別の放射性物質がクローズアップされるようになりました。

　なぜ時とともにクローズアップされる放射性物質が変わったか。実はそこに、微分積分が関わっています。

　放射性物質は、ずっと同じレベルの放射線を出しているわけではなく、時間の経過とともに放射線量は減

っていきます。

　目安として、放射線量が半分になるまでの期間を
「半減期」と呼びます。半減期が過ぎたら放射線量は
1/2になり、半減期の2倍の時間が経てば、さらにそ
の1/2、つまり元の放射線量の1/4になります。

　そう考えると、放射線量は次のように表すことがで
きます。

〈放射性物質が出す放射線量の数式〉

$$\frac{\Delta N}{\Delta 時間}＝事故直後の放射線量 \times \left(\frac{1}{2}\right)^{\frac{時間}{半減期}}$$

※「時間」は、事故発生直後からの経過時間を意味します。

　なおマルサスモデルのときにも出てきましたが、こ
のように微分を使って書かれた方程式のことを微分方
程式といいます。

　放射線は、物質の中の原子核が壊れることで発生し
ます。左辺の「ΔN」は、放射性物質の原子核の数を
全部でN個としたときのNの減少幅、すなわち壊れ
た原子核の個数を表しています。

　つまり「$\Delta N ／ \Delta 時間$」は、一定の時間あたりにど
れだけ原子核が壊れたか、すなわち、どれだけ放射線
が発生したかを表しています。

右辺が少し難しいですが、ここは、半減期が過ぎるごとに放射線が半分になっていくことを表しています。

　例えば、半減期が仮に１年だとすると、２年経過したときは"経過時間＝２年"なので、経過時間÷半減期＝２となります。すると、

$$\left(\frac{1}{2}\right)^{\frac{時間}{半減期}} = \left(\frac{1}{2}\right)^2 = \frac{1}{4}$$

となって、当初よりも放射線量が1/4になることが分かります。

　放射性物質の種類によって半減期は大きく異なります。例えば、ヨウ素131の半減期は８日ですが、セシウム137の半減期は30年です。この点を考えると、先ほどの報道の謎が解けます。

　一般に、原発事故が起きた直後は、ヨウ素131が最も多く放出されます。それに比べるとセシウム137の放出量は少ないですが、ヨウ素131の半減期は８日なので、放射線量は３ヶ月ほどもすれば約1/1000になります（$2^{10} = 1024$なので、80日で1/1024になる）。

　一方、セシウム137の放射線量は、30年経ってやっと半分にしか減りません。放射線量がなかなか減らないので、時間が経つとセシウムの方が厄介者になるの

です。

　このように、微分を使えば、事故直後から放射線量がどのように変化していくかを将来にわたって予測することができます。ですので、どのように処理をすべきかを合理的に見通していくことができます。

まとめ

Ｑ 放射性物質と微分積分の関係とは？

Ａ 放射性物質が出す放射線量は、微分方程式によって表すことができる。この方程式を使えば、どの時点で放射線量が安全になるのかを予測することができる。

事例④
飛行機を飛ばす

　飛行機は巨大な金属の塊で、ジャンボジェット機などは300トン以上もあります。私の父は、「あんな金属の塊が空を飛ぶなんてありえない」といって、飛行機に乗るのを嫌がりますが、気持ちは少し分かります。

　実際に、あれだけ巨大な金属の塊を飛ばすためには緻密な設計が必要です。そのため、飛行機を設計する際は、実際に空を飛んでいるときを想定して、周辺の空気の流れ、機体にかかる圧力（気圧）などを分析しなければなりません。

　そこで、航空機メーカーは、コンピューターを使った飛行シミュレーションを行いながら機体を設計していきます。

　つまり、実際に空に飛びあがる前に、微分積分を駆使して「空を飛んでいるときに何が起きるか」の徹底した予測を行い、それにもとづいて飛行機を設計しています。

　飛行機の周囲を取り巻く空気の流れは、とても複雑です。まず、飛行機そのものが胴体、主翼、尾翼、ジェットエンジンなど色々なパーツに分かれているた

め、機体のどの部分かによって空気の流れは大きく違います。

　また、どこかの方角から風が吹いてきたり、機体の姿勢が変わったりといった、ちょっとしたことでも空気の流れは変わってしまうのです。

　このような複雑な状況を扱うために、微分積分が活躍します。

図表4-2　飛行機と微分積分

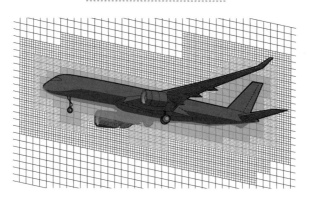

飛行機の周辺の空気をブロックに切り分け、ブロックごとに微分積分を当てはめて気圧を計算

出所：JSS@JAXA「航空機の数値シミュレーション」

　具体的な手順としては、図表4－2のように飛行機周辺の空間をコンピューター上で小さなブロックに切

り分け、ブロックごとに気圧を計算します。気圧の計算が重要なのは、羽の上側と下側の気圧差から生じる力（＝揚力）によって羽が上向きの力を受け、それによって飛行機が浮かんでいるからです。ちなみに、図表４－２をよく見ると、飛行機の機体に近いところほど格子が細かくなっていますね。これは、飛行機から離れたところの空気の流れよりも、飛行機のすぐそばの空気の流れの方がより重要なので、ブロックをより細かくして計算を正確にしているからです。

　気圧を計算するためには、ブロックごとの空気の出入りを把握する必要があります。
　例えば、あるブロックに入ってくる空気の量が出ていく量よりも多ければ、そのブロックにおける空気の密度が上昇し、気圧が上がります。
　これは電車の混み具合と対比させて考えると分かりやすいかもしれません。朝の通勤ラッシュでは、乗ってくる人数が降りていく人数より多いために車両内の人口密度が高まっていきますが、それと同じようなイメージです。
　逆に、通勤時間帯を過ぎれば、乗ってくる人数より降りていく人数の方が多くなるので、車両内の人口密度が下がっていきます。
　同様に、あるブロックに入ってくる空気の量よりも出ていく量の方が多ければ、そのブロックにおける空

気の密度が低下するため、気圧が下がります。

このように「小さなブロックへの空気の出入り」という問題に落とし込むことで、コンピューターを使った計算が可能になります。

小さなブロックに切り分けるという方法には、小さく刻むことで単純化するという微分の考え方が活かされています。

けれども、単に小さなブロックに切り分けただけでは、そのブロックへの空気の出入りをどうやって計算するのかという課題が残ってしまいます。

そこで、もう一段踏み込んだ単純化を行います。微分の考え方を使ってさらに「時間」も短く切り刻むのです。

第1章の自転車の例（26ページ）では、短い時間を考えることで「は・じ・きの公式」が使えるようになりました。空気の流れは、非常に短い時間だけを切り出すと「ナビエ・ストークス方程式」と呼ばれる数式に従うことが分かっています。

これは、空気の流れを計算するための公式のようなものだと思ってください。自転車のときと同様に、ある瞬間を考えることで公式が使えるようになるわけです（ただし、ナビエ・ストークス方程式は「は・じ・き

の公式」と比べるとはるかに専門的な数式なので、本書では詳細には触れません）。

　小さなブロックに区切ることで単純化（＝微分の考え方）し、さらに、短い時間を考えることでもう一段の単純化（＝微分の考え方）を行うという、2段構えで微分の考え方を適用しているのです。

　ブロックごとの気圧の計算が終わったあとは、積分を使って計算結果を足し合わせることで元に戻します。そうすると飛行機全体にかかる気圧が分かり、安全に飛べるのかどうかを分析することができます。

　飛行機が安全に空を飛べるのは、微分積分のおかげなのです。

まとめ

> **Q** 飛行機と微分積分の関係とは？
> **A** 飛行機周辺の空気を小さなブロックに切り分け（＝微分の発想）、ブロックごとに気圧を計算し、その結果を足し合わせて（＝積分の発想）、揚力を計算している。

事例⑤
道路を設計する

　日本を含む世界中の道路のカーブの設計には、微分積分が使われています。

　具体的には、微分積分を使って描かれる「クロソイド曲線」と呼ばれる曲線に沿うようにカーブの形状を決めています。

　このクロソイド曲線は、ドライバーが一定のペースでハンドルを切っていった場合に自動車が走行する軌跡を表しています。ドライバーがハンドルを自然な形で切っていったときの自動車の動きそのものを表す曲線なので、この曲線に沿ってカーブを設計すると、とても曲がりやすいカーブになるのです。

　クロソイド曲線が導入される以前の道路のカーブは単純に円弧の形になっていたのですが、それだとハンドルをかなり急に切り返さないとうまく曲がることができず、事故が多発していました。

　クロソイド曲線のカーブは最初にドイツの道路で導入され、日本では1952年から導入が始まりました。これによってカーブが格段に曲がりやすくなり、交通事故が激減したそうです。

図表4－3は、単純な円弧によるカーブ（1952年以前に主流だったもの）と、クロソイド曲線を使ったカーブ（現在主流なもの）の比較です。

図表4-3　単純な円弧によるカーブ(上)と、クロソイド曲線を使ったカーブ(下)の比較

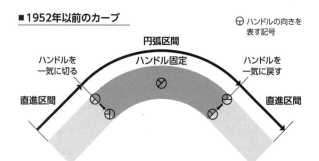

■1952年以前のカーブ

⊖ ハンドルの向きを表す記号

円弧区間

ハンドルを一気に切る
ハンドル固定
ハンドルを一気に戻す

直進区間
直進区間

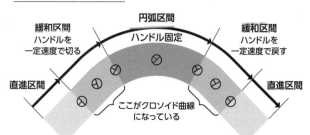

■現在のカーブ

円弧区間

緩和区間
ハンドルを一定速度で切る
ハンドル固定
緩和区間
ハンドルを一定速度で戻す

直進区間
直進区間

ここがクロソイド曲線になっている

　現代のカーブでは、「緩和区間」が設けられていて、この区間がクロソイド曲線になっています。この区間があるおかげで、ドライバーはハンドルを一気に切る必要がなくなり、一定のペースで余裕を持ってハンドルを切れば、カーブを曲がれるようになりました。

　このクロソイド曲線は、数式としては微分積分を使って書くことができます。

　具体的には、「ドライバーが一定のペースでハンドルを回転させながら走行する」場合に、その瞬間瞬間の進む方向はどうなるかを微分によって計算し、その結果として車がどういう軌跡を描いて走るかを積分によって計算するという手順でクロソイド曲線が出てきます。まとめると、図表4-4のようになります。

図表4-4　クロソイド曲線と微分積分の関係

	微分積分による 未来予測	クロソイド曲線の場合
微分	（足元の） 小さな変化を 考える	「ドライバーが一定のペースでハンドルを回転させながら走行する」場合に、その瞬間瞬間の進む方向はどうなるか
積分	その変化を 積み重ねた 結果を考える	その結果として車がどういう軌跡を描いて走るか

つまり、ドライバーが無理なくハンドルを切りながら進むときに車がどういう軌跡を描くかを微分積分によって予測し、その軌跡の通りに道を作ったということです。

　数式そのものはやや難しいのでここには載せませんが、道路が微分積分を使って設計されているおかげで世界中の交通の安全が守られているのです。

まとめ

Q 道路のカーブと微分積分の関係とは？

A 道路のカーブの設計には、クロソイド曲線が使われている。この曲線は、ドライバーのハンドルの動きと車の軌跡について、微分積分を用いて計算した上で作られている。

事例⑥
ロケットを月や小惑星に届ける

　第1章では、ロケットが宇宙へ到達するまでの時間を、微分積分を使って計算しましたね（41ページ）。また第2章では、歴史的には大砲の研究から微分が生まれたのだという話をしました（71ページ）。

　このように、微分積分は物体の運動を取り扱うのが得意です。ですので、ロケットの運動を制御するためにも微分積分が活躍しています。ロケットを飛ばして月や小惑星へ向かう際も、微分積分の計算によってそれが実現できています。

　ロケットは、燃料を激しく燃焼させて排気ガスを噴出し、その勢いで飛んでいます。

　原理は簡単ですが、遠く離れた天体へ正確に到着するのは至難の業です。アポロ計画では月着陸に成功しましたが、地球から月までは38万kmも離れています。

　また、日本の小惑星探査機「はやぶさ」は、世界で初めて小惑星（イトカワ）に着陸して岩石サンプルを持ち帰ったことで話題になりましたが、地球からイトカワまでは、なんと3億kmも離れています。

　これだけ遠くにある天体へ迷子にならずに向かえる

のは、微分積分の計算によって推進方向を精密に制御しているからです。

　より具体的にいうと、ロケットは、燃料を激しく燃焼させることで生じた排気ガスを一気に噴射し、その反動で推進します。必要な推力を得るためにどれくらいの勢いで排気ガスを噴射する必要があるかは、「ツィオルコフスキーの公式」と呼ばれる数式で計算することができます。

　ツィオルコフスキーの公式そのものは難しいのでここでは載せませんが、微分積分の計算によって導き出される公式です。

　ロケットがはるか彼方（かなた）の目的地へたどり着けるようにするために、ツィオルコフスキーの公式にもとづいて足元の推進方向や速度をコントロールし（＝微分の発想）、それをどのように変えていけば結果として目的地にたどり着けるかを算出（＝積分の発想）しています。

　もし「はやぶさ」が人間の勘に頼って運転されていたら、３億kmも離れた小惑星に正確にたどり着くことは絶対にできなかったでしょう。

　微分積分を駆使して、このタイミングでこの勢いで噴射したらよいという予測シミュレーションを行っていたおかげで人類初の偉大なミッションを達成できたのです。

まとめ

Q ロケットと微分積分の関係とは？

A ロケットの推進原理は「ツィオルコフスキーの公式」と呼ばれる数式で表される。この公式は微分積分の計算によって導き出されるもので、目的の天体にたどり着くためにロケットの推進方向や速度をコントロールするのに使われる。

感染症の広がりを予測する

　2020年から世界中に広がったコロナウイルスの感染は、外出制限などのかつてないほどの社会的な影響を及ぼしました。ここでも、実は微分積分が縁の下の力持ちとして活躍していました。

　というのも、感染の状況を予測するために、微分積分を使った数式が使われていたのです。具体的には、以下のような数式です。

〈感染症が広がる状況を予測する数式〉

感染者数の増減率

$$= a × \text{未感染者数} × \text{感染者数} - b × \text{感染者数}$$

| 一定時間に発生する新規感染者数 | 一定時間のうちに、回復または死亡により「感染者」でなくなる人数 |

※a は感染拡大の勢い、b は一定時間に回復または死亡する人の割合

[変数の定義]

未感染者数：まだ感染していない人（つまり、今後感染する可能性がある人）の総数

感染者数：現時点で感染している人の総数

　この数式は少しややこしいので、細部にご興味がない方はナナメ読みでも構いません。

　詳しく知りたい方のために説明しますと、右辺の「a ×未感染者数×感染者数」は、一定時間（例えば24時間）に発生する新規感染者数を表しています。たとえ感染者が多くても未感染者（まだ感染したことがないため免疫がなく、今後感染する可能性がある人）が少なければ、感染させる対象自体が少ないため、感染は広がりません。

　一方、感染者が多く、かつ未感染者も多い場合には、感染させる人も、感染する可能性が高い人も多いため、新規感染者が爆発的に増加します。

　そういった状況を考慮するために、新規感染者数が「未感染者数×感染者数」に比例すると考えているわけです。

　a は感染拡大の勢いを表す数値で、これが大きな値になるほど感染の勢いが強いことを示しています。

　「b ×感染者数」は、回復するか亡くなるかして感染者ではなくなる人を表しています。

　b は、感染者のうち一定時間内に回復または死亡する人の割合を表しています。これらの方はもはや感染者ではなくなっているので、引き算をしているということです。

さて、この式をよく観察してみましょう。左辺の「感染者数の増減率」は、ある一定の時間で感染者が何人増加するかを表しています。

　ある一定の時間間隔を、ここでは Δ（デルタ）を使って「Δ時間」と書くことにしましょう。例えば、1日あたりの変化を考えたいときは、「Δ時間＝24時間」などとするイメージです。そして、「Δ時間」だけ時間が経過した際の感染者数の増減幅は、「Δ感染者数」と書くことにします。

　そうすると、感染症の式は次のように表すことができます。

〈感染症の式（微分の考え方を使って表した場合）〉

$$\frac{\Delta \text{感染者数}}{\Delta \text{時間}} = a \times \text{未感染者数} \times \text{感染者数} - b \times \text{感染者数}$$

　この式は、元の式の「感染者数の増減率」が「Δ感染者数／Δ時間」に置き換えられています。この部分は、感染者数の増減幅（Δ感染者数）を経過時間（Δ時間）で割っているので、感染者数の増減率を示していることになります。

　先ほどは「感染者数の増減率」と言葉で表現していたものを、微分の考え方にもとづいて数学的に正確な

表現になおしたということです。これは、微分（つまり $\frac{\Delta y}{\Delta x}$ の形をした項。今回の場合だと、感染者数 $= y$、時間 $= x$ と置き換えると、「$\frac{\Delta 感染者数}{\Delta 時間}$」は、$\frac{\Delta y}{\Delta x}$ の形になっていることが分かる）が含まれた方程式なので、これまで何度か出てきている微分方程式の仲間であることが分かります。

　ただし実は、この式だけでは感染状況を予測することはできません。感染の状況を予測するためには、「未感染者数」（まだ感染したことがない人の人数）がどう推移するかも知る必要があるからです。
　さらに言えば、感染してから回復した人、または亡くなってしまった人などの状況も関係してきます。

　そこで、実際に感染者の状況を予測するときには、上記の式に加えて「未感染者数」の増減を予測する数式と、「回復者や死者数」の推移を予測する数式も加えて、計3本の数式によってシミュレーションを行います。

　ここで紹介した考え方は、全人口を「未感染者（Susceptible）」「感染者（Infected）」「回復者や死者（Recovered）」に分けて考えることから、その頭文字を取って SIR モデルと呼ばれています。
　これらの数式を使うことで、どのような状況だと感

染者が爆発的に増えるのか、どのような対策を取れば
感染が収束するのかといったことを具体的に調べて対
策に役立てることができます。

　SIR モデルは、コロナに限らず色々な感染症の研究
に役立てられています。
　コロナによる社会的な影響はしだいに落ち着いてき
ていますが、今後も人類は色々な感染症と戦っていか
なければいけませんし、そのときには SIR モデルな
ど、微分積分をつかった感染状況の予測が大いに役立
つことになります。
　圧倒的な知性で生態系の頂点に君臨する人類にとっ
て、残された最後の天敵は感染症だともいわれていま
す。そして、人類の唯一の天敵である感染症との戦い
には、微分積分が不可欠なのです。

まとめ

Ｑ感染症と微分積分の関係とは？
Ａ感染症の広がりは、SIR モデルと呼ばれる微分
　方程式によって予測できる。こうした予測は、
　コロナをはじめとしたさまざまな感染症の対策
　に役立てられている。

事例⑧
株価の動きを予測する

　最後に、著者の本業である資産運用の話をしたいと思います。

　図表4－5は、日経平均株価の動きを表しています。複雑にギザギザを描いていて、一見すると数式で表すことは難しそうですね。

　ところが、微分の発想を使って短い時間の変化だけを考えると、株価の動きでさえも数式で表せてしまいます。具体的には、次のような数式になります。

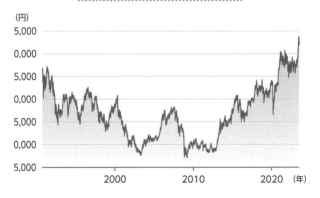

図表4-5　日経平均株価の値動き

(円)

5,000
0,000
5,000
0,000
5,000
0,000
5,000

2000　　　　2010　　　　2020　(年)

〈株価の動きの式〉

Δ株価＝成長率×株価×Δ時間＋変動率×株価×ΔW

経済成長に伴う上昇　　　　ランダムな動き

　株価の動きを表す数式の説明ですが、株価は一般に、経済の成長に伴って一定の割合で上昇していきます。その成長を表すのが、「成長率×株価×Δ時間」という部分です。

　例えば、株価の成長率を年率５％、現時点の株価を10,000円、「Δ時間」を１日としましょう。

　１年は約260営業日なので、「Δ時間＝1/260」と書くことができます（株価の成長率を年率で考えているので、「Δ時間」も年単位で表す必要があります）。

　このとき、「成長率×株価×Δ時間」の部分を計算すると、

$$5\% \times 10{,}000円 \times \frac{1}{260} = 1.9円$$

となり、この場合だと、株価は１日あたり1.9円の割合で上昇する力を持っていることが分かります。

　しかし、実際のところ株価は常に一定のペースで上昇するわけではなく、日々のニュースや取引の状況などランダムな要因の影響を受けて価格が上下します。そのランダムな値動きを表すのが、「変動率×株価×

ΔW」という項です。

　ΔWは、ランダムな動きによる変化を表していま
す。数学的には「ウィーナー（Wiener）過程」と呼ば
れるものを使って株価のランダムな動きを表すことが
できるので、その頭文字をとってWとしています。

　ウィーナー過程とは、酔っ払いの足取りのようなふ
らふらとした不規則な動きを数学的に表したもので
す。

　そして「変動率」は、その株式の値動きの激しさを
表していて、値動きの大きな銘柄ほど大きな値になり
ます。

　このように、複雑な動きをする株価も、“短い時間
を考える”（この場合は、1日の動きを考える）という
微分の発想を使うことで、数式に落とし込むことがで
きました。この数式は、株価を分析する上で不可欠な
もので、経済学や金融工学の研究において使われま
す。

　例えば、著者はこの数式を使って、株価の動きを予
測する研究を行ったことがあります。

　具体的には、株式市場における取引データをコンピ
ューターに読み込ませて、この数式をもとにした株価
予測モデルを使って将来の株価の動きを予測するとい
うものです。

その結果は興味深いもので、2008年の世界金融危機
（巨大金融機関リーマン・ブラザーズが破綻したことをき
っかけに発生した金融市場の混乱）のように株式市場が
大きく荒れるタイミングでは、人は恐怖のあまり株を
売りすぎるために株が過度に割安になり、買いのチャ
ンスがおとずれるということが分かりました。

　つまり、予測モデルは、今後、そうした大暴落が起
きたときに、大勢の投資家とは逆に株を買う行動をと
ると利益が出ると予測したのです。

　実際に、2020年のコロナショック（コロナウイルス
の感染が世界的に拡大したことで起きた株価の暴落）で
株価が大きく下がった際、この予測に従って株を買っ
たところ、かなりの利益が出ました。

　このように、微分積分を使って状況を予測しながら
行動すると、何が起きるか分からない未来に対しても
最善の行動を取っていくことができます。

　もう１つ、金融からの事例を紹介しましょう。金融
の専門家以外にはあまり広く知られていませんが、株
式を将来のある時点で、決まった価格で売ったり買っ
たりする権利というものが取引されています。

　これは「株式オプション」と呼ばれていて、世界中
の金融機関や個人投資家が株式オプションの取引に参
加しています。この権利は有料で取引されるのです
が、権利料の計算には、ここで紹介している株価の動

きの数式が使われています。

　具体的にどんな取引なのかというと、例えば「"アップル社の株を3ヶ月後に1株200ドルで売る権利"を5ドルで買う」などです。

　このような取引がなぜ必要かについて、具体例を交えて説明しましょう。アップル社の現時点の株価が250ドルだとして、アップル社の株式を保有しているあなたは「アップル社は今期の決算が良くなさそうなので、株価は3ヶ月後に100ドルまで下がるかもしれないが、確信は持てない。でも下がった場合は損をしないようにしたい」と思っていたとしましょう。

　そうすると、今のうちにこの権利を買っておけば、3ヶ月後に本当に100ドルになった場合は権利を行使して、100ドルの価値しかないものを200ドルで売ることができます。

　もし権利を買っていなければ1株あたり150ドル（＝250ドル－100ドル）の損をしていたはずですが、オプションを買っていたおかげで55ドル（＝250ドル－200ドル＋オプション料5ドル）の損で済むということです。

　このように、株式オプションは株式投資で万が一の事態が起きたときのための備えなどに使われます。

オプションの売買は世界中の金融機関や個人投資家の間で活発に行われているのですが、その取引の規模はすさまじいもので、世界の中で最も規模が大きい米国の株式市場では1日に数千万件の株式オプションの取引がなされ、年間では数兆ドル（数百兆円）もの権利料がやり取りされています。

　株式オプションは、株価を将来のある時点（例えば3ヶ月後）で決まった価格で売り買いできる権利なので、その権利料の計算のために株価の将来の動きを表す数式が使われるのは想像しやすいでしょう。
　例えば、アップル社の現在の株価が250ドルだとして、「アップル社の株を3ヶ月後に一株200ドルで売る権利」の権利料を決めるときは、この数式を使って3ヶ月後の株価を予測し、株が下がっている可能性が高いほど権利料を高くします（つまり、微分積分の計算によって、その権利が役に立つ可能性を予測し、役に立つ可能性が高いほど権利料を高く設定するということ）。

　以上、いくつかの応用例を紹介しました。現代社会では、本章で挙げたもの以外にも、実にさまざまな場面で予測の計算が必要になってきます。そして、そういった予測には微分積分が使われているのです。
「未来予測の数学」である微分積分があるおかげで、人類は将来起きることに対して合理的な見通しを立て

て行動することができるようになりました。私たちが
経験や勘にたよる行き当たりばったりの暮らしから脱
却できたのは、微分積分のおかげなのです。

　現代文明は微分積分なしでは到底成り立たないとい
うほどに、微分積分はさまざまな分野の根幹を支えて
います。今後も私たちの文明は、微分積分に支えられ
てますます発展していくに違いありません。

まとめ

Ｑ 株価と微分積分の関係とは？

Ａ 日々変動する株価も、微分の発想を用いること
で数式に落とし込むことができる。この数式を
用いれば、リスクを伴う株式投資においても、
最善の行動を取ることができる。

Q 現代社会と微分積分の関係はどんなもの？

A 現代社会はデータや数学を駆使した高度な未来予測によって支えられているが、**その未来予測を支えているのが微分積分の思考法である。**

Q 天気予報と微分積分の関係とは？

A 地球の大気を格子状に細かく切り分け（＝微分の発想）、それぞれについて気温や湿度などを計算し、その結果を足し合わせて（＝積分の発想）、天気を予測している。

Q 人口予測と微分積分の関係とは？

A 18世紀に経済学者マルサスが唱えた人口増加の仮説は、人口爆発と食糧不足の問題を予見したものだった。現在では微分積分を使った数式を用いた「マルサスモデル」として知られている。

Q 放射性物質と微分積分の関係とは？

A 放射性物質が出す放射線量は、微分方程式によって表すことができる。この方程式を使えば、どの時点で放射線量が安全になるのかを予測することができる。

◉飛行機と微分積分の関係とは？

🅐飛行機周辺の空気を小さなブロックに切り分け
（＝微分の発想）、ブロックごとに気圧を計算
し、その結果を足し合わせて（＝積分の発想）、
揚力を計算している。

◉道路のカーブと微分積分の関係とは？

🅐道路のカーブの設計には、クロソイド曲線が使
われている。この曲線は、ドライバーのハンド
ルの動きと車の軌跡について、微分積分を用い
て計算した上で作られている。

◉ロケットと微分積分の関係とは？

🅐ロケットの推進原理は「ツィオルコフスキーの
公式」と呼ばれる数式で表される。この公式は
微分積分の計算によって導き出されるもので、
目的の天体にたどり着くためにロケットの推進
方向や速度をコントロールするのに使われる。

Ｑ 感染症と微分積分の関係とは？

Ａ 感染症の広がりは、SIR モデルと呼ばれる微分
方程式によって予測できる。こうした予測は、
コロナをはじめとしたさまざまな感染症の対策
に役立てられている。

Ｑ 株価と微分積分の関係とは？

Ａ 日々変動する株価も、微分の発想を用いること
で数式に落とし込むことができる。この数式を
用いれば、リスクを伴う株式投資においても、
最善の行動を取ることができる。

おわりに

「はじめに」でも触れましたが、本書全体を通じてお伝えしたかったのは、「微分積分は未来予測の数学」であるという事実です。

　現代社会に不可欠な"科学的な予測"は、微分積分なしには実現できません。現代社会は、微分積分なしには成立しえないと言えます。

　第4章では、微分積分が使われている事例として飛行機、ロケット、天気予報、感染症対策、株価予想などを挙げましたが、これは社会における応用例のごくごく一部にすぎません。もっとずっとたくさんの場面で、微分積分が利用されています。

　ニュートンとライプニッツによって微分積分が確立されたのは、17世紀のことでした。その後の科学技術のめざましい発展はご存じのとおりですが、その発展のかなりの部分で微分積分が根本的な役割を果たしています。

　もし微分積分が発明されなかったら、テクノロジーの発展は大幅に遅れ、人類は未だに17世紀の技術水準に留まっていた可能性が高いでしょう。

例えば、微分積分がなければ、飛行機を安全に飛ばすための分析や設計ができません。ですから大型の飛行機は作れないし、飛行機を使った長距離の移動も危険すぎて困難です。

　飛行機そのものは発明されていたかもしれませんが、せいぜい小型機で近場を少し移動するくらいにしか使えず、ジャンボジェットのような大型航空機の登場や、海外までのフライトはあり得なかったでしょう。きっと21世紀になっても人類は、船で何週間もかけて海外へ行っていたに違いありません。

　微分積分がなければロケットは作れません。そして、ロケットが無ければ人工衛星も飛ばせないので、人工衛星を使ったサービスは存在しなかったでしょう。

　例えば、私たちが当たり前に使っているGPSは、アメリカが管理するGPS衛星の信号をもとに位置情報を特定しています。ですので、微分積分がなければスマホでGPSを使うことはできなかったし、GPSを使うカーナビも存在しなかったでしょう。

　気象衛星も飛ばせないし、そもそも天気予報には微分積分が使われている（第4章参照）ので、明日の天気も皆目見当がつかない中で日々の生活を送っていたことでしょう。

　それ以外にも、あらゆる技術が停滞し、身の回りに
あるテクノロジーのほとんどが存在しなかったことで
しょう。つまり、

17世紀以降のテクノロジーの発展
＝微分積分による発展

　と言っていいくらいです。それほどまでに、微分積
分が人類に与えた影響は大きかったのです。

　テクノロジーの発展と言えば、現在は第４次産業革
命の到来前夜だとされています。
　第１次産業革命（18－19世紀　蒸気機関・工業化）、
第２次産業革命（19－20世紀　電力・大量生産）、第３
次産業革命（20世紀－21世紀初頭　情報技術）の後にお
とずれる４番目の産業革命では、人・モノ・サービ
ス・ＡＩが情報ネットワークでつながり、今までとは
まったく違う世界になるとまで言われています。

　紙面の関係から本書では触れませんでしたが、こう
した情報技術にも微分積分は多用されています。人類
のテクノロジーがさらなる高みに行くとき、その土台
は微分積分が支えているのです。
　テクノロジーが世の中を大きく変えつつある中、そ
れを支える微分積分の本質を教養として学ぶことの重

要性はますます高まっています。

　本書で学んだ微分積分の基本思想は汎用性が高いので、単なる教養の域を超えて、普遍的な問題解決のテクニックとしても使えます。

・難しい課題は、考えやすい単位に細かく分けて考える（微分の発想）
・分けて考えた後、それらを集めて再び大きな視点に戻る（積分の発想）

　仕事や日常生活で直面する色々な課題にこうした発想を当てはめてみると、思いもよらぬ解決策に行き着くこともあるのではないでしょうか。
　本書が、読者の皆様の微分積分や数学への理解、あるいは問題解決の考え方に少しでも良い影響を与えることができたとすれば、著者としてこれ以上の喜びはありません。

　最後になりましたが、本書を世に出すためにサポートしてくださった皆様に感謝の気持ちを伝えたいと思います。本書は宮脇崇広さん（ＰＨＰ研究所）からお声かけいただいたことがきっかけとなり、「世界一わかりやすい微分積分の本を作る」という意気込みを形にしていったものです。宮脇さんは、本書の構想段階

から出版に至るまでの随所で貴重なアドバイスをくだ
さいました。

　また、藤本佳奈さん（アップルシード・エージェンシー）は、著者エージェントとして私の拙い原稿に忌憚
なきアドバイスをくださいました。彼女のアドバイス
のおかげで、原稿が当初よりかなり分かりやすくなっ
たと感じています。

　原稿執筆の時間を与えてくれた家族にも、「ありが
とう」を伝えたいです。筆の進みが遅い私が何とか原
稿を間に合わせることが出来たのは、妻が毎日のよう
に進捗チェックと叱咤激励をしてくれたおかげです。
　また、子育て、作家、クオンツ、客員教授という４
つの役割でオーバーワーク気味な私を見かねて宮崎か
ら助っ人に駆けつけてくれた義母や、義母を快く送り
出してくれた義父にもとても感謝しています。原稿を
書くのに疲れた私を、いつも最高の笑顔で迎えてくれ
た子供たちにも元気づけられました。

　そして何より、本書を手に取ってここまで読んでく
ださった読者の皆様に心より感謝いたします。本当に
ありがとうございました。

　2023年８月某日　東京の西の辺境にて

冨島佑允

冨島佑允［とみしま・ゆうすけ］

クオンツ、データサイエンティスト
多摩大学大学院客員教授
（専攻：ファイナンス＆ガバナンス）
1982年、福岡県生まれ。京都大学理学部卒業、東京大学大学院理学系
研究科修了（素粒子物理学専攻）。MBA in Finance（一橋大学大学院）、
CFA協会認定証券アナリスト。大学院時代は欧州原子核研究機構
（CERN）で研究員として世界最大の素粒子実験プロジェクトに参加。
修了後はメガバンクでクオンツ（金融に関する数理分析の専門職）とし
て各種デリバティブや日本国債・日本株の運用を担当、ニューヨークの
ヘッジファンドを経て、2016年より保険会社の運用部門に勤務。2023年
より多摩大学大学院客員教授。
著書に『数学独習法』（講談社現代新書）、『日常にひそむ うつくしい数
学』『世界を変えたすごい数式』（ともに朝日新聞出版）などがある。

［図版］
桜井勝志

［イラスト］
齋藤稔（株式会社ジーラム）

［著者エージェント］
アップルシード・エージェンシー

PHP新書

PHP INTERFACE
https://www.php.co.jp/

見るだけでわかる微分・積分　PHP新書 1368

二〇二三年九月二十九日　第一版第一刷

著者───冨島佑允
発行者───永田貴之
発行所───株式会社PHP研究所
　　　　　東京本部　〒135-8137 江東区豊洲5-6-52
　　　　　　　　　　ビジネス・教養出版部 ☎03-3520-9615（編集）
　　　　　　　　　　普及部 ☎03-3520-9630（販売）
　　　　　京都本部　〒601-8411 京都市南区西九条北ノ内町11
組版───────株式会社PHPエディターズ・グループ
制作協力─────
装幀者─────芦澤泰偉＋明石すみれ
印刷所───────大日本印刷株式会社
製本所───────

PHP新書刊行にあたって

　「繁栄を通じて平和と幸福を」(PEACE and HAPPINESS through PROSPERITY)の願いのもと、PHP研究所が創設されて今年で五十周年を迎えます。その歩みは、日本人が先の戦争を乗り越え、並々ならぬ努力を続けて、今日の繁栄を築き上げてきた軌跡に重なります。

　しかし、平和で豊かな生活を手にした現在、多くの日本人は、自分が何のために生きているのか、どのように生きていきたいのかを、見失いつつあるように思われます。そして、その間にも、日本国内や世界のみならず地球規模での大きな変化が日々生起し、解決すべき問題となって私たちのもとに押し寄せてきます。

　このような時代に人生の確かな価値を見出し、生きる喜びに満ちあふれた社会を実現するために、いま何が求められているのでしょうか。それは、先達が培ってきた知恵を紡ぎ直すこと、その上で自分たち一人一人がおかれた現実と進むべき未来について丹念に考えていくこと以外にはありません。

　その営みは、単なる知識に終わらない深い思索へ、そしてよく生きるための哲学への旅でもあります。弊所が創設五十周年を迎えましたのを機に、PHP新書を創刊し、この新たな旅を読者と共に歩んでいきたいと思っています。多くの読者の共感と支援を心よりお願いいたします。

一九九六年十月　　　　　　　　　　　　　　　　　　　　PHP研究所

PHP新書